BAS-NIGER, BÉNOUÉ DAHOMEY

PAR

Le Commandant MATTEI

Commissaire du Gouvernement près le Conseil de guerre de Grenoble,
Ancien Agent consulaire de France à Brass
(Embouchure du Niger)
Et Agent général de la Compagnie Française de l'Afrique équatoriale

Ouvrage contenant 57 GRAVURES hors texte provenant de
photographies prises sur les lieux par l'auteur, et trois cartes des
bassins du Niger, de la Bénoué et du Dahomey

Prix net : **5** francs

GRENOBLE

IMPRIMERIE
E. VALLIER ET Cie
1, boulevard de Bonne, 1

LIBRAIRIE ARTISTIQUE
BARATIER FRÈRES et Cie
Place Victor-Hugo

1890

BAS-NIGER, BÉNOUÉ
ET
DAHOMEY

GRENOBLE. — IMPRIMERIE E. VALLIER ET Cie.

BAS-NIGER, BÉNOUÉ
DAHOMEY

PAR

Le Commandant MATTEI

Commissaire du Gouvernement près le Conseil de guerre de Grenoble,
Ancien Agent consulaire de France à Brass
(Embouchure du Niger)
Et Agent général de la Compagnie Française de l'Afrique équatoriale

---

Ouvrage contenant 57 GRAVURES hors texte provenant de
photographies prises sur les lieux par l'auteur, et trois cartes des
bassins du Niger, de la Bénoué et du Dahomey

Prix net : **5** francs

GRENOBLE

IMPRIMERIE	LIBRAIRIE ARTISTIQUE
E. VALLIER ET Cie	BARATIER FRÈRES et Cie
1, boulevard de Bonne, 1	Place Victor-Hugo

1890

AVANT-PROPOS

A la Presse.

Aux Officiers des armées de terre et de mer.

Aux Partisans de l'expansion coloniale.

Aux Négociants, Commerçants et Industriels français.

Nouveau venu dans la Presse, je prends la liberté de m'adresser à elle pour la prier de vouloir bien prêter son concours dans l'intérêt de l'expansion coloniale.

Autrefois il suffisait d'une seule volonté pour diriger les destinées coloniales de la France ; selon que cette volonté était bien ou mal inspirée, le pays se couvrait de gloire ou se criblait de fautes, comme celles qui ont amené la perte des Indes et du Canada ; les fautes de ce genre ne doivent pas se renouveler deux fois dans l'histoire d'une nation.

Aujourd'hui l'opinion publique, dirigée par la Presse, s'est substituée à cette volonté ; tout le monde pouvant exprimer son opinion, les idées justes et utiles au pays font rapidement leur chemin grâce à la Presse ; malheureusement, la question de l'expansion coloniale ne passionne pas suffisamment les esprits ; c'est dans l'espoir de l'y intéresser que je fais appel à la Presse, bien que je n'aie aucun titre auprès d'elle ; j'ose espérer, qu'appréciant le but qui me guide, elle me fera bon accueil.

Je prends la liberté de dire à MM. les officiers de l'armée de mer qui se désintéressent de nos Colonies qu'il serait peut-être préférable de les voir parler et agir comme les officiers de la marine anglaise, qui, lorsqu'ils passent avec leurs navires devant un de leurs comptoirs, s'écrient : « *là il y a un comptoir britannique* » et sont prêts à le protéger et à le défendre, non comme un comptoir de mercantis, mais comme un comptoir de la Reine.

On comprend à merveille que des officiers de marine qui passent de longs mois au Sénégal ou dans le golfe de Guinée, en Cochinchine ou à la Guyane, ne soient pas de bonne humeur. Mais n'ont-ils pas les honneurs de la misère ? Beaucoup de lieutenants de vaisseau sont officiers de la Légion d'honneur tandis que les capitaines de l'armée de terre ne le sont jamais.

Honorons le commerçant et l'industriel qui vont au loin exposer leur fortune et leur vie. C'est une fausse théorie celle qui consiste à dire que c'est exclusivement l'amour du lucre, qui pousse le commerçant à s'expatrier.

Nous avons vu des commerçants anglais (nous en parlons plus loin) sacrifier leurs intérêts personnels pour empêcher les Français de neutraliser, par des traités, les embouchures du Niger que le Gouvernement britannique convoitait pour lui seul et qu'il a fini par posséder.

Serions-nous moins patriotes que les Anglais ? Nous

disons respectueusement aux officiers de l'armée de terre : Aimons l'expansion coloniale de la France, c'est la grandeur et la prospérité de la Patrie ; songeons que les nations ne peuvent pas vivre éternellement sous les armes avec des budgets effrayants; il arrivera un moment où le droit n'aura le plus souvent rien à craindre de la force, il vivra de sa force propre, et s'imposera au respect des juges qui se substitueront bientôt au canon et à la poudre sans fumée. Je ne dis pas que nous soyons à la veille de voir la suppression des armées permanentes, à laquelle nous ne croyons pas, mais on arrivera certainement à de considérables réductions d'effectifs et alors, nous serons bien heureux de trouver des débouchés dans l'industrie, l'agriculture et le commerce.

Nous dirons aussi aux commerçants, aux industriels et aux capitalistes : Constituez de puissantes compagnies avec des chartes gouvernementales, à l'instar des Anglais et des Allemands ; demandez au Gouvernement de grandes concessions de terrain avec des immunités, et allez sur les côtes d'Afrique, au Tonkin, à la Guyane, partout enfin où le sol renferme des richesses, et exploitez-les. Il n'est pas exact de dire que les Français ne sont pas colonisateurs; ce qui leur manque, c'est la direction et les encouragements.

INTRODUCTION

La plupart des explorateurs qui ont visité le Soudan, n'ont fait que le parcourir ; c'est grâce à leur habile promptitude d'observation, qu'ils ont pu recueillir des notes à la volée, et publier d'intéressantes relations de voyage, qui charment tout à la fois le lecteur et jettent une certaine lumière sur ces contrées.

Mais tout n'a pas été dit sur le centre africain, encore moins sur le Bas-Niger et la Bénoué. Bien peu de Français sont allés dans ces parages et aucun n'y a séjourné pendant cinq années successives, comme les circonstances m'ont permis de le faire.

J'entreprends donc ici de raconter tout ce que j'ai vu, tout ce que mes compagnons de voyage et moi avons fait et surtout ce qu'il aurait fallu faire dans l'intérêt politique et commercial de la France, dans ce pays.

En ma qualité d'agent général de la Compagnie Française de l'Afrique Equatoriale, j'ai pu étudier à loisir la partie relative au commerce et me rendre compte des ressources naturelles des divers pays, ressources tirées, les unes du sol, les autres provenant des caravanes.

J'ai pris note des articles européens que les indigènes préfèrent ; j'ai observé, avec soin, le négoce que font les naturels, ordinairement par échange, en comptant, ici par sacs, là par mesures, ailleurs de gré à gré ou au simple jugé.

Nous verrons, dans un article spécial, la signification de ces mots : sacs, mesures, etc., et quelle est leur valeur.

J'ai aussi travaillé à connaître les mœurs, les coutumes et les caractères des habitants.

Enfin, autant que me l'ont permis mes faibles moyens et les circonstances, j'ai recueilli le plus de connaissances possibles sur la faune et la flore.

En ma qualité d'agent consulaire, il m'a été facile d'observer le pays au point de vue politique, de passer des traités avec les rois au nom du gouvernement de la République, de créer vingt et un comptoirs, en m'efforçant toujours de faire marcher de pair les intérêts de la Compagnie, dont j'avais la direction, avec ceux de la France que j'avais l'honneur de représenter encore, au moment de la désastreuse conférence de Berlin.

En publiant cet ouvrage, sans prétention aucune, je prends l'engagement d'être sincère et loyal. Je n'aime pas ce vieil adage : « A beau mentir qui vient de loin. »

Je ne me vanterai donc pas d'avoir chassé des lions et des tigres, voire même des éléphants; je n'en ai jamais vu. Sans doute, il m'est parfois arrivé d'apercevoir des hippopotames, des caïmans, des singes et des moustiques; mais c'est tout !

Notre but, en allant au Niger, était de contester loyalement aux Anglais le monopole commercial, entraînant toujours à sa suite, l'occupation définitive de ces contrées.

Il est alors arrivé que ces messieurs, nous voyant doubler l'étape dans la Bénoué, nous firent une concurrence inouïe. En effet, lorsque nous eûmes pris possession à Ibi, lieu de passage des caravanes, où jamais les blancs n'avaient pénétré (1), nos compétiteurs abaissèrent tellement les prix d'échange, qu'il eût été désastreux pour les actionnaires français, dont le capital n'était que de trois millions,

---

(1) Sauf la pléiade commandée par le docteur Baikie qui, en 1854, avait remonté la Bénoué jusqu'à Djebou, mais sans s'y arrêter.

de lutter avec leurs adversaires qui en avaient un de trente-cinq millions.

Nous verrons ce qu'il aurait fallu faire pour soutenir la lutte, si l'on avait écouté la voix de notre directeur, M. Auguste Desprez, et les raisons patriotiques de notre président du Conseil d'administration, M. Henri Desprez, ancien élève de l'Ecole polytechnique, qui connaissait à merveille notre situation et dont le patriotisme a constamment guidé les actes.

Au Ministère des Affaires étrangères, où j'avais été prendre des instructions, on m'avait répondu : « Allez, voyez, faites comme les Anglais ; le vice-consul de Sierra-Leone vous donnera des renseignements, tenez-vous en relations avec lui. »

Le Ministère de l'Instruction publique me chargea d'une mission gratuite; mais, j'avoue que, excepté mes Rapports, les quelques objets d'ethnographie que j'ai offerts au Musée du Trocadéro et les singes dont j'ai fait présent au Muséum d'histoire naturelle de Paris, voilà tout ce que les circonstances m'ont permis de faire.

D'un autre côté, vu ma position d'officier en activité, vu mes fonctions d'agent général d'une Compagnie commerciale et aussi ma qualité d'agent consulaire, j'ai dû me montrer très sobre de correspondances, à l'égard de la Société de géographie de Paris et de la Société de géographie commerciale.

J'ai eu la grande douleur de perdre sept compagnons, jeunes, instruits, pleins de patriotisme et d'entrain ; parmi eux, je dois compter mon malheureux neveu, âgé de vingt et un ans, qui avait voulu me suivre en qualité de secrétaire général.

Dans la suite, je parlerai du reste de ces très braves, qui ont péri en me prêtant leur concours. Je dis très braves, car je pense qu'il y a plus d'un champ de bataille. Mourir victime de la défense de son pays, mourir pour la science, ou mourir, comme nos missionnaires, martyrs de la foi, c'est toujours mourir glorieusement.

— XIV —

Je n'oublierai pas non plus ceux de nos rares camarades, qui survivent à nos compagnons infortunés ; je les remercie du concours qu'ils m'ont prêté. Leur patriotisme, leur courage et leur honnêteté, seront mentionnés dans cet ouvrage.

Je n'ai pas oublié les larmes amères qu'ils ont versées quand notre drapeau, qui, le premier, avait été arboré à Ibi, dut s'abaisser devant le pavillon britannique.

Je ne dirai cependant pas trop de mal des Anglais, nos terribles concurrents, qui nous ont vaincus, sur le terrain commercial, auquel est rivée la question politique ; il en sera toujours ainsi avec eux.

Il nous faut, malgré tout, reconnaître leur enviable habileté dans les affaires, leur profond patriotisme et leur aveugle confiance dans leur Gouvernement, qui, du reste, les soutient toujours et les guide avec une très grande sollicitude. C'est d'ailleurs cet appui certain, immuable, qui donne aux officiers, aux consuls, aux missionnaires, aux commerçants, cette large envergure dans les affaires. Ils fondent actuellement, avec le concours des capitaux français, que nous n'avons pas su où voulu employer, un vaste empire dans le Soudan. C'est, de toute l'Afrique centrale, le pays le plus riche et le plus facilement exploitable, à cause des grandes routes fluviales du Niger et de la Bénoué, dont ils se sont emparés, très intelligemment, par les embouchures et non par les sources, comme nous avons toujours cherché à le faire. Ils auront le grand mérite, d'avoir, seuls, porté la civilisation au cœur de l'Afrique ; seuls, ils auront la gloire d'anéantir l'esclavage dans son propre berceau et d'exploiter à leur profit, une plus grande surface de territoire qu'ils n'en possèdent en Angleterre. Avec des cadeaux habilement distribués aux rois de ces pays, ils arriveront facilement à établir leur protectorat, depuis Gando jusqu'au lac Tchad. Les Anglais, je l'ai dit et écrit bien souvent dans mes rapports, font à la côte occidentale d'Afrique, ce qu'ils ont fait dans l'Inde. Depuis la Gambie jusqu'au Congo, n'ont-ils pas toutes les rivières navigables ?

Pour ce qui est des gravures de cet ouvrage, elles proviennent des photographies que j'ai tirées de mon mieux, dans ces pays, où le climat altère les produits, où l'eau, pour le lavage des clichés, laisse beaucoup à désirer. A tous ces inconvénients, il convient d'ajouter ma parfaite inhabileté.

Tous les exemplaires sont revêtus de la signature de l'auteur.

PREMIÈRE PARTIE

LE NIGER

CHAPITRE PREMIER

DE LA CASERNE DE REUILLY AUX BOUCHES DU NIGER

N janvier 1881, mon régiment, le 124ᵉ, commandé par le distingué colonel Carmier, aujourd'hui général, était caserné à la caserne de Reuilly, dans le faubourg Saint-Antoine, et allait manœuvrer à Vincennes.

Un jour, pendant que je surveillais le déploiement de ma compagnie en tirailleurs, je me sentis frapper sur l'épaule. Je me retournai vivement, croyant avoir à répondre à mon colonel de quelque faux mouvement dans l'application des nouvelles théories, lorsque je me vis en présence d'un vieil ami, le commandant Quinemant, mon ancien capitaine aux Turcos, qui venait me demander, à brûle-pourpoint, si je voulais aller au Bas-Niger, *en qualité d'amiral*.

Croyant à une mystification, je lui répondis en riant :

« — En qualité d'amiral suisse !

« — Non, non, plaisanterie à part, me dit-il ; ce que je viens vous proposer est très sérieux : il s'agit d'aller remplacer là-bas le comte de Sémellé, qui vient de mourir en mer. Il était à la tête d'une compagnie commerciale, commandait plusieurs navires à vapeur, des chaloupes, des chalands, un personnel composé d'agents blancs et noirs ; c'est une entreprise où le patriotisme et de grands intérêts sont en jeu.

« — Mais, mon cher ami, vous n'y pensez pas, lui dis-je ; je n'entends rien au commerce, je souffre du mal de mer, je ne suis pas plus mécanicien que pilote, et vous voudriez...

« — Chut ! c'est tout à fait votre affaire, vous êtes l'homme qu'il faut. Achevez votre manœuvre, je vous attends là, me dit-il ; nous rentrerons ensemble au son de la musique. »

Après l'exercice, mon brave ami, mort depuis des suites de son séjour au Niger où il était venu me rejoindre, me conduisit rue de l'Echiquier, 17, chez les directeurs de la Compagnie française de l'Afrique équatoriale, MM. Desprez-Huchet.

Ces messieurs m'expliquèrent très clairement qu'il s'agissait d'aller disputer aux Anglais, par les armes commerciales, la neutralité des bouches du Niger et de les empêcher de s'emparer de toutes les vastes contrées du centre africain qui s'étendent depuis le moyen Niger, jusqu'au lac Tchad.

« M. le comte de Sémellé, me dirent-ils, était, comme vous, un ancien officier de tirailleurs algériens ; il a déjà fondé six comptoirs ; il revenait en France, solliciter l'appui du Gouvernement et se faire nommer agent consulaire, afin de traiter avec les rois au nom de la France. Malheureusement, il vient de mourir !

« Cette mission est peut-être encore plus patriotique que commerciale. Vous aurez des agents pour le commerce, des comptables pour tenir les écritures, des capitaines pour conduire vos navires, et vous commanderez en chef, comme agent général, en vous inspirant de toutes les recommandations que vous trouverez ci-jointes. »

M. Auguste Desprez me remit, en effet, un assez volumineux cahier, rempli d'instructions, que j'ai la satisfaction d'avoir toujours suivies à la lettre.

Nous fûmes vite d'accord sur tous les points. Je demandai, comme faveur, d'emmener avec moi, en qualité de secrétaire, mon jeune neveu, qui venait de terminer ses études et que je ne devais pas, hélas! ramener en France. Il est mort là-bas, à l'âge de vingt ans, après avoir donné de très grandes preuves de courage et de dévoûment.

Avant mon départ, j'eus l'honneur d'être reçu par M. le Ministre de la guerre, qui me donna un congé de six mois et m'encouragea dans ma résolution.

De là, je me rendis au Ministère des Affaires étrangères, où l'on me promit les fonctions d'agent consulaire, ce qui fut fait. Enfin, ma dernière visite fut pour le Ministère de l'Instruction publique, qui me donna une mission gratuite et quelques instructions et, le 25 février, mon neveu et moi, prenions le train express pour aller nous embarquer à Liverpool.

N'est-il pas étrange que la France, qui possède le Sénégal, le Congo et le Gabon, n'ait pas encore une Compagnie de paquebots qui desserve ces importantes colonies et tous nos principaux établissements intermédiaires tels que : Bathurst, Casamance, Rio-Nunez, Rio-Pungo, l'île de Los, Sierra-Leone, Grand-Bassa, cap des Palmes, Petit-Bassa, Grand-Bassam, Assinie, Porto-Séguro, Petit-Popo, Widah, Porto-Novo, Lagos, Brass?

Quelques-uns de ces points ne sont pas français; mais nous y avons des maisons de premier ordre, avec lesquelles notre gouvernement aurait pu s'entendre pour la création de cette ligne de bateaux à vapeur. De cette sorte, nous pourrions nous passer des transports anglais, qui nous enlèvent, chaque année, plusieurs millions et une exportation encore plus considérable en marchandises de toutes sortes.

Comment se fait-il que les Werminck, les Cyprien Fabre, les Régis, les Verdier, les Daumas-Béraud, et tant d'autres armateurs ou grands commerçants, qui ne manquent ni d'argent ni d'influence, n'aient jamais pu arriver à créer, comme l'ont fait les Anglais, une Compagnie de navigation ? (1).

Tous les patriotes, qui ont habité la côte occidentale d'Afrique, en reconnaissent l'incontestable utilité. Qui donc est responsable d'une pareille incurie ?

Si, au lieu de se désintéresser des questions commerciales, nos administrateurs, les Consuls, les Officiers de marine, raisonnaient en France, comme on raisonne en Angleterre et en Allemagne, les comptoirs Werminck et Desprez-Huchet, existeraient encore au Bas-Niger. Nous n'assisterions pas aujourd'hui, la mort dans l'âme, à la ruine de notre influence commerciale et politique à la côte occidentale d'Afrique, ruine qui va livrer incessamment aux Anglais toutes les riches contrées comprises entre Gourma et le lac Tchad (2).

J'ai fait part de ces réflexions au lecteur, et je retourne à Liverpool, où je dois m'embarquer sur un navire anglais, puisqu'il ne m'est pas permis, hélas ! de voyager sous mon pavillon.

Le 26 février, mon jeune neveu et moi, nous partions sur le *Gabon*, commandé par le capitaine Monero, et à bord duquel venait de mourir précisément M. le comte de Sémellé, que j'allais remplacer. Ce n'était pas de bon augure !

Il y avait à bord cinq officiers anglais de l'armée de terre, qui se rendaient au pays des Achantis pour entrer en campagne.

(1) A l'heure qu'il est, cette bienheureuse Compagnie existe. Que Dieu la protège et qu'elle prospère !
(2) C'est fait.

M. Mattéo MATTEI, neveu et secrétaire général
du commandant Mattei, décédé a Brass.

Le 27, tempête en mer dans toutes les règles ; nous avons vent debout, toutes les voiles sont pliées. La mer embarque et déferle avec violence sur le pont ; secoué par des vagues furieuses, notre bâtiment se livre à des bonds désordonnés, semblable à un coursier en furie. Des craquements se font entendre de toutes parts ; la vaisselle se brise. Les lames, hautes comme des montagnes, menacent de nous engloutir à chaque instant, c'est un roulis et un tangage perpétuels. Les officiers du bord ne sourcillent pas, tous sont à leur poste, et le capitaine lutte contre les flots déchaînés toute la journée et une partie de la nuit.

A la pointe du jour, tout danger avait disparu ; mais la mer resta houleuse jusqu'à Madère.

Le 6 mars, nous entrons dans le port de Funchal. A huit heures du matin, le thermomètre marque vingt-deux degrés centigrades. A peine le *Gabon* a-t-il signalé son mouillage, par le traditionnel coup de canon, que notre navire est entouré d'une foule de petites barques chargées de gamins tout nus. Ces nouveaux hôtes demandent à grands cris qu'on leur jette des sous dans la mer, où ils se chargent d'aller les pêcher avec les mains, les dents et même les doigts de pied. On en jette à poignée et nous assistons à des scènes inénarrables.

Inutile de répéter ici ce que d'autres voyageurs ont souvent raconté. La vie de Madère est connue de tout le monde ; beaucoup d'étrangers, et principalement des Anglais, y font des excursions à cheval, à âne, en traîneaux que des bœufs de petite taille font circuler sur les galets glissants qui pavent les rues étroites et tortueuses de la ville ; promenades en palanquin, en hamac et c'est tout. Ce qu'il y a de plus attrayant à Madère, c'est son climat délicieux qui est incontestablement un des meilleurs du monde.

A midi, un deuxième coup de canon nous annonce que le *Gabon* a terminé son chargement de charbon, et qu'il faut partir. On se rend à bord, et une demi-heure après nous cinglons vers Santa-Cruz, capitale de l'île de Ténériffe. Le lendemain, vers midi, nous apercevons le fameux pic de Teyde. A trois heures et demie, nous mouillons ; coup de canon et descente à terre.

Nous visitons la ville, qui nous paraît plus belle et plus gaie que celle de Funchal. La campagne a un aspect plus agréable. Les environs de la ville sont couverts de nopal, que les indigènes cultivent pour l'élevage de la cochenille.

De l'avis de tous les passagers du *Gabon*, le séjour de Ténériffe doit être plus agréable que celui de Madère; avis aux amateurs de saisons chaudes.

Il est cinq heures ; nous allons, passagers et officiers du bord, dîner à l'hôtel, et vers neuf heures, nous reprenons la mer. Le bateau avance lentement toute la nuit, pour n'arriver qu'à la pointe du jour à Palmas, autre île espagnole, où le capitaine doit prendre du *cargo* (chargement). Les capitaines touchent une somme fixée par tonne de chargement, ce qui explique leur activité pour avoir du cargo.

A six heures et demie du matin, nous arrivons, en effet, à Palmas. Nous visitons sa belle cathédrale; un prêtre nous montre, avec une petite nuance d'orgueil, bien légitime du reste, toutes les richesses de sa très belle église, nous fait descendre dans les caveaux et nous explique, avec une extrême complaisance, quels sont les hommes illustres qui reposent dans les divers tombeaux.

A six heures du soir, coup de canon et départ. Le thermomètre marque dix-huit degrés centigrades, vent du nord, mer houleuse, nous filons dix nœuds.

11 mars. — La mer est mauvaise depuis notre départ de Madère. Ce matin, le capitaine fait installer deux grandes tentes qui couvrent tout le navire ; elles sont les bienvenues. Vers neuf heures, nous sommes dans les parages où a été glissé dans les flots le corps du malheureux de Sémellé.

Je confie à la mer une croix de chevalier de la Légion d'honneur à l'adresse de notre compatriote, hommage rendu à un pionnier du commerce français.

A bord règne une profonde tristesse. Les officiers du steamer et ceux qui vont chez les Achantis, ne parlent pas la langue française; nous ne parlions pas la langue anglaise, en sorte qu'à la froideur naturelle du caractère anglais, vient s'ajouter ce désagrément de ne pouvoir même pas se dire bonjour.

Je disais à mon neveu :

« Quelle différence entre le caractère français et le caractère anglais ! S'il n'y avait ici que des Français, on entendrait rire, causer, chanter, discuter ou se disputer même; enfin on s'apercevrait de notre présence. Les marsouins pourraient dire, dans leur langue, qu'il y a du monde là-haut ! tandis que, depuis notre départ de Liverpool, ces messieurs n'ont pas desserré les dents, pas plus au salon que sur le pont ou à table.

« — Nos compagnons de voyage sont de marbre, répondit mon neveu ; mais ils ont bonne tenue. J'ai eu des camarades anglais, au collège; ils étaient ainsi. Dans le monde il faut leur avoir été présenté pour que la glace soit rompue, et encore restent-ils toujours froids, quoique polis. »

L'un de ces messieurs qui se trouvait à côté de nous, ayant à peu près compris notre conversation, et sachant que j'étais Corse, me dit en italien que mon neveu avait raison.

Quelle ne fut pas notre surprise et notre joie de trouver enfin à qui parler. Nous voyagions depuis dix jours avec cet officier, nos cabines se touchaient presque et nous n'avions pas échangé un mot.

« — Si, Signor », lui répondis-je.

Il nous passa alors sa carte : *de Costa, capitaine.* Il nous raconta qu'il était d'origine italienne et qu'il avait longtemps habité l'Italie. En effet, il s'exprimait parfaitement en italien. A partir de ce moment, nous eûmes le plaisir d'avoir un noble et aimable interprète à bord, et un excellent compagnon de voyage. Malheureusement, ces messieurs se rendant chez les Achantis, leur traversée touchait à sa fin, et il ne nous restait plus que quelques jours à jouir de notre nouvelle connaissance.

Ce même jour, 12 mars, la mer était belle et nous assistâmes à une scène pleine de gaîté. Des milliers de marsouins rassemblés à la surface de l'eau, à un mille du Gabon, se livraient à des ébats extraordinaires; c'étaient des sauts, des cabrioles, des plongeons, des chassés-croisés de toutes sortes, enfin un spectacle risible et très amusant.

J'avais souvent vu des marsouins suivre le sillage des navires et bondir hors de l'eau, mais ceux-ci restaient sur place; ils jouaient au soleil levant, leurs écailles jetaient mille feux au milieu des petites vagues d'argent qu'ils soulevaient, et s'en donnaient à qui mieux mieux.

Lors d'un autre voyage que je fis en 1883, j'assistai à un combat imposant entre un cachalot et une baleine, qui avaient dû s'égarer dans les parages de Sierra-Léone.

La baleine fuyait; on la voyait paraître à la surface, pour respirer et lancer avec force un long jet d'eau dans les airs. Son adversaire ne paraissait jamais; on le devinait aux contorsions de la baleine, et le capitaine, un vieux marin, nous expliquait les évolutions du cétacé et les moments précis où le cachalot lardait son rival. Ce spectacle émouvant et plein d'intérêt dura environ une heure, puis tout disparut, la baleine avait dû succomber.

Le 14 à midi, nous abordons à l'île de Los, où la Compagnie du Sénégal (Werminck) possède une belle factorerie. M. Depousier, en qualité de compatriote, nous a offert à dîner avec la cordialité que l'on trouve chez tous les Européens de la côte.

Le 15, à six heures du matin, le *Gabon* entrait majestueusement dans le golfe de Sierra-Léone et tirait un formidable coup de canon que les échos des montagnes répétèrent bien loin dans l'intérieur.

Les montagnes de Sierra-Léone contiennent, dit-on, de grandes quantités de fer aimanté. Ce fer agissant fortement sur l'aiguille du compas, oblige les marins à naviguer avec la plus extrême prudence.

Nous descendons à terre pour visiter la ville de Free-Town et y coucher. Le vice-consul de France, M. Barest, duquel je devais dépendre comme agent consulaire, me donna en effet quelques instructions. Nous reçûmes une excellente hospitalité chez M. Dalmas, un brave Français, qui devait mourir empoisonné, deux ans après.

Le 16, arrivent à bord deux missionnaires protestants, l'évêque noir du Niger, Crowther, et un de ses fils archidiacre. Ils se rendent à Lokodja. Cet évêque anglican a connu M. de Sémellé et nous ne tardons pas à devenir bons amis.

Le capitaine prend une trentaine de kroumen à son bord pour faire le service jusqu'à Fernando-Pô, les blancs ne pouvant pas résister à un travail excessif, sous ce ciel de plomb; il débarquera ces auxiliaires au retour.

En revenant à bord, après notre excursion à Free-Town, nous avions nos chaussures et nos habits littéralement couverts d'une poussière rouge, ce qui indique bien que le sol est ferrugineux.

C'est à Sierra-Léone que les commerçants de la côte engagent leurs commis noirs qui ont reçu une instruction première des missionnaires protestants. On y prend aussi des mécaniciens, des charpentiers, des matelots, des cuisiniers et des tonneliers. Mais ces Sierra-Léonais sont en général voleurs, orgueilleux et peu dévoués. Il est préférable de recruter son personnel à Accra ou à Lagos dont les habitants ont un meilleur esprit.

A partir de Sierra-Léone, c'est un vrai chemin de la croix, que nous faisons tout le long de la côte, sans la perdre de vue.

Dans le but de démontrer que les Anglais possèdent, à partir de la Gambie jusqu'à Bonny, les points stratégiques les plus importants, qui mènent par eau et par terre au centre africain, je demande la permission d'indiquer tous les points que nous avons visités, tant en allant qu'en revenant.

Citons par ordre, en descendant vers l'Equateur, les escales suivantes: *Gallinas*, rivière qui se jette dans l'Océan, au village de Soliman, où les Anglais possèdent des comptoirs. Nous mouillons à environ quatre milles de la terre. La sonde accuse de onze à douze mètres. La barre de Gallinas est dangereuse. Au moment des raz de marée, il faut se confier aux noirs du pays (les Kroumen sont les premiers nautoniers du monde) et passer cette barre en pirogue. Nous jetons ensuite l'ancre à *Monrovia*, capitale de la République de Libéria, dont M. Gardner est le président élu par le suffrage universel.

Cette République est reconnue par toutes les nations avec lesquelles elle a passé des traités de commerce et de navigation. Ses lois ont été calquées sur celles des Etats-Unis. Ce nom de Monrovia vient de Monroë, président de la Grande République, qui a contribué à la fondation de cet Etat, en accordant la liberté aux esclaves d'Amérique.

La ville compte quatre à cinq mille habitants. Ses rues sont larges et droites. Il y a une église, un séminaire et un collège. On y enseigne la langue anglaise.

Les capitaines qui font escale à Monrovia sont obligés de remettre leurs papiers à l'officier du port, de payer un droit d'ancrage ; ils sont soumis de plus à une foule de formalités.

Du reste, dès qu'un navire arrive, son capitaine reçoit de l'officier du port une feuille contenant tous les règlements auxquels il est obligé de se conformer.

Le village de *Grand-Bassa*, où nous faisons escale, se trouve à l'embouchure de la rivière de ce nom, qui se jette dans une charmante petite baie, au fond de laquelle on aperçoit les villages de *Edina, Grand-Bassa, Fish-Town*. Les factoreries anglaises et allemandes établies en cet endroit font de bonnes affaires.

Le *Gabon* s'allège ici de plusieurs centaines de tonnes de marchandises, qu'il met à terre, et le fameux commandement : En route ! est lancé sourdement par le porte-voix au mécanicien. L'hélice commençait à tourner, lorsque nous apercevons, venant du rivage, une petite pirogue dirigée par un nègre, portant, pour tout vêtement, un chapeau à haute forme et tenant une dépêche entre ses dents. La nacelle était si petite, que le nautonier endimanché, assis au fond de sa petite barque, faisait des miracles d'équilibre pour résister à la houle.

Le malheureux se démenait comme un diable ; il agitait ses pieds, ses jambes dans tous les sens, pour chasser les lames, qui menaçaient à chaque instant de l'engloutir.

Pour pagayer, il faisait aller ses deux bras de droite à gauche, avec une habileté prodigieuse. Ce mouvement convulsif de ses bras n'était interrompu que pour faire de la main un geste suppliant, qui voulait dire : « Arrêtez ! »

Tous les passagers riaient aux éclats, en voyant cet énergumène, que certains prenaient pour un Terre-Neuve.

Le capitaine Monro, homme complaisant par excellence, n'a pas attendu les prières des passagers, pour faire stopper pendant quelques minutes.

Le messager arrive à bord. Sa lettre contient tout simplement des ordres de chargement pour le retour du paquebot ; ce n'était donc pas la nouvelle d'un changement de ministère à Londres, comme quelques-uns le disaient.

Il fut le bienvenu auprès du capitaine, dont la figure s'épanouit, à la lecture de cette belle parole : *Cargo !*

Retournons à nos escales, ennuyeuses assurément pour le lecteur, comme elles l'ont été pour nous, mais que les hommes avides de relations de voyage vers l'équateur ou les commerçants hardis liront peut-être avec intérêt.

De Grand-Bassa, nous allons mouiller à *Sinou*, autre petite baie, au pied d'une côte rocheuse, source de soucis pour le capitaine qui s'avance prudemment, en interrogeant le fond de la mer avec la sonde. Nous alimentons de marchandises européennes un comptoir anglais ; on prend un peu de chargement, puis nous allons répéter la même opération à *Baddou* et à *Grand-Sesters*.

Dans cette station, on remarque à l'embouchure de la rivière un village considérable et des établissements, sur lesquels flotte le pavillon britannique. Nous y faisons de l'eau, nous nous approvisionnons en vivres frais (bœufs, moutons, volailles) contre échange de marchandises, le tout à des prix très modérés, et nous allons visiter le cap des *Palmes*, un des points les plus renommés de la côte, autant par sa salubrité que par l'importance de la ville Harper, créée en 1835, par la Société colonisatrice du Maryland. La rivière Palmas baigne le côté nord de la presqu'île du cap; plusieurs villages de bonne apparence se trouvent sur la rive gauche.

L'Harmattan, dans ces parages, souffle en décembre et seulement par intervalles et sans violence; il commence au jour et finit le plus souvent à midi. Les marins disent que, tout le long de la côte de Libéria, le temps est toujours moins mauvais près de terre qu'au large.

A peine avions-nous laissé tomber l'ancre au cap des Palmes, qu'une nuée de pirogues amena à bord plus de cinq cents Kroumen, de dix à quarante ans, qui demandaient à être engagés dans les factoreries européennes. Avec nous, se trouvait un agent britannique qui choisissait les plus robustes, et ces sauvages, simplement vêtus d'un vieux pagne et coiffés de chapeaux européens démodés, se pressaient auprès de lui en criant: « Miaou, miaou, » ce qui veut dire: « Moi, moi, engage-moi! » On aurait dit un concert de plusieurs chats enragés.

Ces Kroumen sont engagés pour une année, à l'expiration de laquelle ils reviennent chez eux.

Le transport d'un Kroumen s'élève en moyenne à une livre sterling. Le capitaine, qui prend ces auxiliaires à son bord, traite généralement avec les agents blancs, directeurs des comptoirs.

Lorsqu'il les ramène à leurs villages, il se passe des scènes qui seraient amusantes, si elles ne témoignaient d'une profonde cruauté.

En effet, au coup de canon tiré aux approches du port d'escale, une foule de pirogues apparaissent de toutes parts. On les voit tantôt au sommet des vagues et tantôt disparaissant dans l'abîme, pour reparaître encore; les nautoniers pagayent vigoureusement vers le navire qui, pour ne pas s'attarder, ne mouille jamais, à moins qu'il n'y ait du chargement à prendre.

Enfin, les Kroumen, tout essoufflés, finissent par accoster. Ils cherchent à monter à bord pour aider leurs parents à débarquer. Mais le capitaine, craignant les vols et le désordre, a eu la précaution de ne pas abaisser l'échelle. Cependant, les plus hardis, agiles comme des singes, grimpent le long des cordages et parviennent à se hisser sur le pont.

C'est alors que se passe un spectacle extrêmement comique. Ce sont des échanges de compliments, des salamalecks interminables entre les Kroumen, ils se livrent à mille contorsions et à mille gambades, poussent des vociférations, des hurlements de bêtes fauves. Ils se cherchent, s'appellent en courant de toutes parts; on croirait, en assistant à pareille confusion, que le navire vient d'être pris d'assaut par les sauvages, comme dans l'*Africaine*. Les passagers, qui ne sont pas au courant de ces usages, s'imaginent naturellement qu'il y a une émeute à bord. J'en ai vu plus d'un pâlir de frayeur.

Les plus expérimentés des Kroumen, sachant que leur temps est compté, cherchent avant tout à sauver leurs bagages. Ils les jettent par-dessus bord, dans leurs frêles esquifs, tandis que leurs compagnons, moins avisés, perdent leur temps en bavardages interminables. Il arrive alors que le capitaine, s'impatientant, donne le signal du départ au cri de : En avant! Doucement!

Ces mots produisent un effet magique. Une panique épouvantable se produit parmi les retardataires, qui jettent leurs bagages à la mer.

Les fusils, les tissus, les caisses de gin, les barils de poudre, les sabres, sont lancés pêle-mêle, par-dessus bord, et tombent à l'eau, où, malgré les efforts désespérés des gardiens de pirogues, beaucoup d'objets disparaissent. Alors, les Kroumen se précipitent eux-mêmes dans la mer, sans s'inquiéter de la manière dont s'opérera leur chute; ils vont se livrer à la pêche de leur humble fortune, fruit d'une année de travail et de sueurs.

Ce spectacle a son côté risible, assurément : mais il attriste le cœur des gens civilisés.

De semblables faits amènent souvent de graves accidents. On raconte qu'en pareille circonstance, des hommes se sont noyés et, quant aux marchandises, si toutes ne sont pas perdues, du moins la plupart sont avariées.

CHAPITRE II

Les Kroumen

PUISQUE nous en sommes aux Kroumen, parlons en tout de suite.

On appelle Kroumen les habitants de la côte de Krou, ou de la côte des Graines. Ils habitaient autrefois, dit-on, l'intérieur, et de pasteurs qu'ils étaient, ils sont devenus d'habiles pêcheurs et d'excellents marins.

Nous avons employé, au service de la Compagnie française de l'Afrique équatoriale, pendant quatre ans et demi environ, huit cents de ces naturels, recrutés sur les divers points de cette côte de Krou. Il m'a été possible de les étudier à mon aise.

Ayant fait une grande partie de ma carrière militaire aux tirailleurs algériens, j'ai été frappé de l'analogie qui existe entre ceux-ci et les Kroumen.

Au physique, celui-ci est grand, fort et vigoureux. Sa

poitrine est large. Il a le nez épaté, les lèvres épaisses, les pommettes saillantes, comme les Nigritiens, avec cette différence qu'au lieu d'être d'un noir d'ébène, il a une couleur chocolat.

Leurs yeux sont plutôt jaunes que blancs. Ils se tatouent le milieu du front jusqu'à la naissance du nez. Ils se liment les deux dents de devant supérieures, à leur point de jonction, de manière à former un vide qui affecte la forme d'un V.

Ils soignent beaucoup leur personne : après leur travail, ils se lavent tout le corps et, rentrés chez eux, se frottent d'huile.

Ils sont vêtus d'un simple pagne qu'ils disposent avec une certaine coquetterie ; mais ils s'affublent de tout ce qu'on leur donne et de tout ce qu'ils trouvent, en fait d'habillement, chapeaux, paletots, gilets, pantalons, vestes.

Il est difficile de garder son sérieux lorsqu'on voit passer une troupe de Kroumen. Ils se coiffent avec n'importe quoi, même avec une jambe de pantalon, en laissant pendre sur le dos l'autre extrémité.

Le Krouman est plutôt courageux que brave, surtout lorsqu'il porte ses gris-gris (amulettes). Le Kabyle, au contraire, est plutôt brave que courageux.

Le fait suivant démontrera la puissance que les gris-gris exercent sur les Kroumen.

Un jour, après avoir tué d'un coup de fusil un gros serpent qui dormait enroulé sur le toit d'un magasin, je commandai à un Krouman d'aller chercher le reptile au moyen d'une échelle.

« — Oh! non, dit-il, il fait le mort, mais il ne l'est pas...

Afin de le tranquilliser, je lâchai un second coup de fusil chargé à balle explosible, sur le redoutable animal qui ne bougea point.

« Es-tu convaincu, lui dis-je ?

Le Krouman hésitait encore à monter. Tout à coup, il part comme une flèche, dans la direction de sa case. On s'imagine que c'est la frayeur qui le fait fuir. Pas du tout, il revient quelques instants après, tenant à la main une petite

TYPES DE KROUMEN

corne de chèvre, remplie de menus objets, tels que : une dent de caïman, un morceau de papier, trois petits cailloux et un chiffon de soie.

Il suspend son gris-gris à son cou, au moyen d'une ficelle, puis il monte bravement à l'assaut ; le gris-gris l'avait rendu invulnérable.

Les Kroumen ont horreur de l'esclavage. Jamais ils n'ont été asservis. Ils ont eu souvent à soutenir des guerres contre les Libériens et presque toujours ils ont été vainqueurs, malgré l'infériorité de leur armement. Ils vivent en petites républiques ayant chacune un chef élu à vie.

Les Kroumen sont engagés par compagnies, composées chacune suivant les besoins ou l'importance des factoreries. Ils sont dix, quinze, vingt, trente et quelquefois davantage.

Chaque compagnie est sous les ordres d'un chef qui porte le titre de Leadman. Ce chef est mieux rétribué ; mais il a une certaine responsabilité, soit envers ses subordonnés, soit envers les agents qui les engagent.

Si un vol vient à se produire, dans la factorerie par exemple, le Leadman est tenu de chercher et de découvrir les coupables.

Or, il arriva que certain Leadman commit un vol dans un magasin de Brass. Je le fis attacher, conduire à bord d'un paquebot en partance pour la Côte et procédai immédiatement à l'élection de son remplaçant.

Tous les électeurs votèrent pour Taillot, sauf le Krouman Pistache, qui vota pour.... lui-même ! Est-ce assez joli ?

Lorsqu'ils s'engagent, les Kroumen prennent des noms de guerre, tels que: Grain-de-Sel, Café, Biscuit, Grain-d'Orge, etc., etc., ou des noms que les blancs eux-mêmes leur donnent, tels que : Carnaval, Paillasse, Pierrot, etc., sobriquets caractérisés par leur physique ou leur conduite habituelle.

Ils sont idolâtres. Dans leurs villages, ils ont leur grand prêtre, qui bénéficie de tout ce qui arrive d'heureux dans le pays. S'il y a une bonne récolte, par exemple, c'est au grand prêtre qu'on l'attribue ; chacun lui donne les marques de la plus grande vénération, on lui prodigue des cadeaux et toutes sortes de politesses.

Mais, si, au contraire, une tornade a fait des dégâts dans le village, ou si l'on a été malheureux au combat, l'infortuné grand prêtre est conspué, honni, destitué ou battu, tant il est vrai que, même en pays fétichistes, le peuple est porté à faire remonter jusqu'à ceux qui le gouvernent, les succès ou les revers qu'il éprouve !

Néanmoins, la vie du grand prêtre est respectée, et les coutumes, à la côte de Krou, ne comportent pas l'homicide. Cela tient à ce que l'esclavage n'existe pas chez eux et à ce qu'ils professent un grand amour pour la famille.

Ces Kroumen sont d'infatigables travailleurs, doués d'une force étonnante. D'humeur toujours gaie, ils chantent sans cesse et plus ils vocifèrent, plus vite avance leur ouvrage. En pagayant, ils entonnent, en chœur, des airs monotones qui rappellent, de loin, les chants arabes. Leur habileté, comme marins, est surprenante. Leur pirogue vient-elle à chavirer au milieu des brisants, ils se mettent à la nage, poussant devant eux leur embarcation. Dès que la lame est passée, et avant que la suivante arrive, ils vident leur nacelle au moyen d'une oscillation saccadée, remontent, avec une agilité prodigieuse, dans leur léger bateau et continuent leur route comme s'il n'était rien arrivé.

Nous verrons, dans le chapitre consacré au commerce, comment sont rétribués les Kroumen et comment on les nourrit.

Une chose à laquelle ils attachent une grande importance c'est *le livre*. *Le livre*, c'est ce que les Arabes d'Algérie appellent *la Carta*. Il renferme le contrat de leur engagement, les promesses qui leur ont été faites, ou un certificat de bonne conduite, provenant des blancs qui les ont employés. Un cachet là-dessus et le Krouman est aux anges !

J'ai parlé des qualités qui distinguent les Kroumen et qui caractérisent aussi les Kabyles: fierté, courage, aptitude au travail, amour de l'indépendance, etc.

Mais ils sont aussi d'habiles larrons.

Ils dérobent avec une adresse diabolique, capable de faire tressaillir d'aise les cendres de Cartouche et de Mandrin.

Ils volent la nuit, au moyen de fausses clefs, ou bien ils font des trous dans la terre sous les palissades, lorsqu'elles ne sont pas profondément enfoncées, et s'introduisent dans les magasins.

Leurs soustractions frauduleuses se commettent de complicité avec les hommes de garde de nuit, qui ont pour mission d'empêcher les larçins.

Ce sont précisément ces gardiens qui, au moyen de chants convenus, avertissent ceux qui opèrent, de l'arrivée d'un blanc.

Enfin, ils poussent les petits boys (enfants), à imiter leurs exemples dans l'intérieur des factoreries, où il sont employés comme domestiques.

Des agents européens, qui ne connaîtraient pas ces Kroumen, seraient certainement dévalisés.

Empêcher ces gens-là de se livrer à leur passion favorite, est un art difficile, tellement ils ont de moyens qui nous sont inconnus, pour arriver à satisfaire ce vice qui domine tous les autres.

Mais, j'entends le canon du *Gabon* qui nous appelle au chemin de la croix ; il est en effet en partance pour Biriby ou Berebey.

CHAPITRE III

Escales de la Côte

BIRIBY. — Groupe de plusieurs villages kroumen admirablement placés pour l'atterrissement des barques.

Pays riche, surtout en huile de palme, soumis au protectorat de la France en 1868, par le contre-amiral vicomte Fleuriot de Langle. Malheureusement, le gouvernement et les Compagnies *commerçantes* n'y ont rien fait pour y établir notre domination. C'est un tort ! Il est vrai que les Kroumen sont tellement jaloux de leur indépendance qu'ils craignent, comme les Kabyles, que l'occupation de leur pays par les étrangers n'amène tôt ou tard l'asservissement. Mais avec des cadeaux aux chefs, on pourrait s'installer chez eux.

Aux environs de Biriby, on remarque les villages importants de Lahou, Jack-Jack, Half-Jack, Half-Ivory, Grand-Ivory.

La Grande-Bretagne possède de beaux établissements

dans tous ces villages où notre pavillon ne flotte nulle part.

Les naturels de cette région du littoral sont désignés sous le nom de Koua-Koua, à cause leur langage, auquel se mêle souvent le cri du canard, mais ils font partie de la côte de Krou.

J'étais couché dans ma cabine, en train de prendre un bain de sueur, à la température de trente-six degrés centigrades, lorsqu'une foule de ces Kroumen est venue envahir le pont en vociférant : kouah ! kouah ! kouah ! Les passagers, croyant que le commissaire du bord se ravitaillait de canards, ont été désagréablement surpris, en montant sur le pont, de ne trouver que des Kroumen.

Laissons les Kouah-Kouah, et allons visiter :

GRAND-BASSAM ET ASSINIE. — Deux stations qui se touchent presque et qui ont été placées sous la souveraineté de la France, par un traité passé en 1842 et signé du commandant Bouët-Wuillaumez, en qualité de gouverneur du Sénégal.

Nous y avons des établissements importants de la maison Verdier.

C'est avec un sentiment de légitime orgueil que nous voyons flotter gracieusement notre cher pavillon sur ces comptoirs..... Nous le rencontrons si rarement !

Seuls, ceux de nos compatriotes qui ont parcouru les mers sur des paquebots étrangers, ont éprouvé cette joie infinie qui fait venir les larmes aux yeux, lorsqu'on trouve le drapeau national dans des contrées éloignées.

Ne nous rappelle-t-il pas la patrie absente, nos gloires et, hélas ! aussi nos revers !

Ah ! Si tous nos hommes d'Etat pouvaient faire des voyages dans ces pays ! Ils deviendraient bien vite partisans de notre expansion coloniale, ce qui est notre constante ambition. Mais revenons à Grand-Bassam.

La note suivante, sur Grand-Bassam et Assinie, est consignée sur mon agenda ; je la reproduis sans dire d'où elle émane, car j'ai oublié la source qui me l'a fournie.

« La rivière Grand-Bassam s'appelait autrefois Costa. Les
« indigènes la nomment Comoé. Le port est dans une cri-
« que ; les bateaux à voile accostent le long de la berge ; une
« petite canonnière y coula vers 1882. L'île Bouet est en
« face de l'embouchure de la rivière Comoé.

« On aperçoit de l'autre côté le village de Grand-Bassam,
« placé au point de convergence de trois cours d'eau : le
« Comoé, la lagune du Potou et la lagune de l'Ebrié. Ces
« marais renferment une nombreuse population; on y trouve
« beaucoup d'huile de palme et d'or massif. Le roi habite
« le village.

« Par le Comoé, on communique avec l'intérieur, et les
« Bambaras du Haut-Sénégal descendent au Grand-Bassam.

« La population de l'Ebrié est de soixante à quatre-vingt
« mille âmes. Ces peuples sont d'origine différente, ne par-
« lent pas la même langue et se font souvent la guerre.

« Les Bourbours, à l'extrémité de la lagune, sont les plus
« remuants et les plus farouches ; ils habitent dans plusieurs
« villages établis dans des terrains marécageux. Pour les con-
« tenir, on a été obligé de construire le poste fortifié de Da-
« bou (rive droite de l'Ebrié) sur un monticule qui commande
« le pays. La maison est carrée et bastionnée. Il y avait une
« garnison composée d'un officier, deux artilleurs et soi-
« xante-quatre tirailleurs. Ces postes ont été abandonnés en
« 1870. »

A l'embouchure de la rivière Assinie, nous possédions
autrefois un établissement nommé Fort-Joinville, comptoir
qui a été abandonné parce que la Compagnie y a fait de
mauvaises affaires; nous y avions aussi une petite garnison.

Ces trois postes de Grand-Bassam, de Dabou et d'Assinie,
sont bien placés, encore aujourd'hui, sous l'autorité du
commandant de la division navale des côtes occidentales
d'Afrique ; mais quel avantage en retirons-nous ?

Il y a actuellement, à Assinie, une factorerie française et
une anglaise, et c'est tout.

Cette région du littoral est généralement plus salubre

que tous les autres points de la Côte d'Or; toutes les rivières descendent du versant du Fouta-Diallon.

Ce pays-ci est fort riche; l'intérieur est peu connu, mais, de l'avis des agents employés à la côte, qui trafiquent avec les noirs de l'intérieur, il y aurait des fortunes considérables à faire, si des compagnies commerciales, encouragées par le Gouvernement français, comme le sont les compagnies royales anglaises au Niger, dans les Haut-Nil, Zanzibar, le Haut-Zanbezé, etc., allaient hardiment s'installer sur cette Côte d'Or, dont le nom seul devrait attirer l'attention de nos commerçants.

Axim. — Nous voici à Axim, situé au cap des Trois-Pointes. On aperçoit un ancien fort, qui a appartenu aux Portugais, et qui maintenant est aux Anglais; ces derniers y ont un bel établissement et tiennent beaucoup à la possession de ce point stratégique, car il est très propice aux débarquements.

En hommes pratiques, ces messieurs songent à l'avenir et nul ne leur donnera tort.

El Mina et Cape-Coast. — A part ceux qui s'occupent sérieusement de géographie, il a y peu de personnes sachant que la Grande-Bretagne possède sur la côte orientale d'Afrique, des villes aussi importantes, aussi peuplées, aussi fortifiées que peuvent l'être nos villes de la côte algérienne, telles que Dellys, Bougie, Djigelly, Stora, Philippeville, La Calle et peut-être même Bône. Eh! bien, El Mina et Cape-Coast comptent environ vingt mille habitants, et peuvent rivaliser avec les villes que je viens de nommer.

Il n'entre pas dans mes goûts de piller dans tous les ouvrages qui traitent de géographie pour répéter ce que des écrivains plus autorisés ont déjà raconté. Mais j'insiste sur ce point, c'est que, dès mon premier voyage à la côte occidentale d'Afrique, j'ai crié: *Caveant consules*! dans tous mes rapports de l'ordre commercial ou politique. J'en ai les copies sous les yeux.

Aujourd'hui, l'empire du Soudan est formé.

Le coup de grâce nous a été porté en 1885, par le traité de Berlin, dont on avait soigneusement exclu toute personne de nationalité française.

Maintenant, je mets un terme à ma digression, pour dire que El Mina et Cape-Coast sont deux points stratégiques de premier ordre et que c'est par là que les Achantis seront vaincus et absorbés par les Anglais, comme ils absorbent tout le Soudan par les bouches du Niger.

C'est ici que nous avons déposé les officiers anglais, nos compagnons de voyage, avec lesquels, grâce aux attentions délicates de M. le capitaine de Costa, nous étions devenus bons amis. Ces messieurs devaient prendre part à une expédition contre le roi des Achantis, mais les difficultés ont été résolues diplomatiquement.

La poire n'est pas encore mûre !

Continuant notre route, nous allons toucher à Apam, puis à Winebah, stations anglaises, admirablement choisies par les Hollandais, qui les ont vendues aux Anglais. On voit de loin des forts et des murs d'enceinte.

Accra. — Grande ville ayant appartenu autrefois aux Danois qui s'y étaient fortifiés. On voit encore la citadelle de Christiamburg, un vrai château féodal.

Accra est aujourd'hui la capitale du district anglais; elle compte, avec la cité de Christiamburg, sa voisine, environ dix-huit mille habitants.

La barre est excessivement mauvaise; les vagues se succèdent à si peu d'intervalle les unes des autres et si irrégulièrement que les Kroumen eux-mêmes sont souvent noyés et mangés par les requins. Cependant, ils sont tellement habiles, qu'ils distinguent dans la multitude de ces vagues, celle à laquelle ils doivent s'abandonner, car c'est bien la vague qui porte pirogue, voyageurs et colis, plus ou moins submergés.

J'ai passé cette barre pour aller visiter la ville et j'ai dû aux naturels qui m'ont enlevé comme un colis, de ne pas faire un plongeon. Je suis arrivé à terre, du moins j'ai été porté à terre tout trempé, sans me rendre compte du danger auquel je venais d'échapper.

Un officier de la douane anglaise, M. Hore, qui a habité longtemps Paris, m'a fourni tous les renseignements que je reproduis sur Accra. Je remercie M. Hore, de l'excellente hospitalité qu'il m'a donnée pendant vingt-quatre heures et surtout de la façon si aimable dont il me l'a donnée.

Accra est administrée par un gouverneur civil; il y a une garnison, dont les soldats sont recrutés dans le Haoussa.

Ce sont nos tirailleurs algériens. Leur costume a le même cachet oriental et ne diffère du nôtre que par la nuance de leur drap qui est d'un bleu plus foncé; de plus ils ne portent pas de chaussures. En les voyant manœuvrer nu-pieds, j'ai éprouvé les mêmes sentiments de pitié qu'à Londres, où de pauvres petits enfants, pour vendre quelques boîtes d'allumettes, courent dans la neige les pieds nus et grelottant de froid.

On ne comprend pas que l'autorité anglaise, qui en a tous les moyens, ne porte pas remède à cet état de choses.

Mais revenons à Accra.

Ce district n'a rien à envier à ceux d'El Mina ou Cape-Coast; écoles, églises, tribunaux, casernes, prisons, promenades, villas; on se croirait en Europe!

Une école d'artisans sert à former de bons ouvriers pour tous les travaux, même en bijouterie.

Les bijoux de ce pays, fabriqués avec l'or tiré de ses montagnes, sont très recherchés : bracelets, bagues, boucles d'oreilles rappellent, par leurs dessins, l'art égyptien.

Les agents européens, ainsi que je l'ai déjà dit, trouveront plus de garanties chez l'ouvrier d'Accra que chez celui de Sierra-Léone qui s'est empressé de prendre tous les défauts de la civilisation, en négligeant de s'approprier ses qualités.

ADDA. — Petite ville d'environ neuf mille âmes, située à trois ou quatre milles du fleuve Volta, qui se jette près des ruines d'un beau fort danois, aux environs du cap Saint-Paul.

Des établissements anglais et allemands font d'Adda un centre important d'échanges. Ses productions consistent en huile de palme, ivoire, poudre d'or, peaux, indigo et coton.

Toutes ces stations, que l'Angleterre a achetées aux Hollandais, aux Danois et aux Portugais, sont d'un grand avenir au point de vue commercial et politique.

Le télégraphe les relie déjà à l'Europe. On procède maintenant à des émigrations formidables et on arrivera rapidement à l'occupation définitive du pays, dont les heureuses conséquences, au point de vue humanitaire, seront l'extirpation de l'abominable esclavage et l'extinction des coutumes cruelles qui sont la honte de la civilisation moderne.

En jetant l'ancre à *Quitta*, nous entrons dans la Côte des Esclaves.

QUITTA. — C'est un village de premier ordre, presque à l'embouchure du Volta, qui sépare le royaume des Achantis de celui du Dahomey.

Ici, on aperçoit encore un fort en ruines, des factoreries anglaises et allemandes.

Dès que le canon d'un steamer a annoncé son mouillage, il est immédiatement accosté par une multitude de pirogues, chargées de vivres de toutes sortes ; on peut s'approvisionner en bœufs, moutons, volailles, œufs, eau et charbon.

Nous nous ravitaillons largement, puis nous allons visiter Porto-Ségouro, le cœur un peu réjoui par la vue des vivres frais, dont nous avions bien besoin. Les caractères sont énervés par ce trop long et ennuyeux voyage. Il serait temps d'arriver, surtout pour le lecteur.

PORTO-SÉGOURO. — Cette colonie américaine, était soumise au protectorat de la France ; mais, hélas ! elle a été cédée à l'Allemagne ; les Américains y faisaient autrefois la traite des esclaves, sur une très grande échelle.

Aujourd'hui, c'est l'huile de palme qui a remplacé le trafic de la chair humaine, « du bois d'ébène », comme on dit à la côte.

La présence du drapeau français sur la factorerie de M. Cyprien Fabre, armateur et négociant connu de toute la côte, autant que MM. Verminck et Régis, nous fait oublier, un instant, nos injustes récriminations contre le capitaine Monro, de ce qu'il ne manque pas une escale.

Il s'aperçoit, le brave enfant d'Albion, aux éclats de joie que mon jeune neveu ne peut contenir, que c'est la vue du drapeau tricolore qui cause cette explosion ; et dans sa courtoisie, notre capitaine nous dit en anglo-français :

« — Porto-Ségouro, français ! *to morrow* (demain), ajoute-t-il, vous, voir Petit-Popo, français ! *yes*, français ! Grand-Popo aussi français ! »

Le lendemain 27 mars, nous mouillons en effet à *Petit-Popo*, qui appartenait bien aux Français *à ce moment*, mais qu'on a cédé aux Allemands.

Le village est considérable et très commerçant, sa population est d'environ quatre mille âmes. La maison Fabre a une très grande factorerie et de grands magasins tout le long du rivage. On y voit aussi des factoreries anglaises et allemandes.

La barre de Petit-Popo est très mauvaise ; les naturels emploient de grandes pirogues, montées par de nombreux marins, qui peuvent rivaliser dans l'art nautique, avec les meilleurs Kroumen.

J'ai quelquefois employé, dans les factoreries et dans mes longs voyages, des Popomen ; je déclare les avoir trouvés moins souples que les Kroumen, avec lesquels ils étaient toujours en dispute.

GRAND-POPO. — Placé sous la souveraineté de la France, cet important village est masqué par une dune et adossé à une lagune, qui est alimentée par le fleuve Mono.

On y distingue une très belle factorerie française, appartenant à M. Régis, sur laquelle flotte le drapeau français. Beaucoup de villages dans les environs ; centre d'affaires commerciales de la plus grande importance.

WHYDAH. — Port principal de l'Etat du Dahomey, est une grande ville, très ancienne, et fort connue par le commerce d'esclaves qu'on y faisait autrefois.

Les maisons Régis et Fabre y ont de beaux établissements, à côté de ceux des Portugais.

Le serpent est en grand honneur à Whydah ; on lui a élevé un temple et il jouit de la plus haute considération. La ville est placée sous son patronage et les habitants feraient un mauvais parti à celui qui tuerait un serpent.

Les commerçants de la ville sont soumis à une foule de règlements, prenant leur source dans le fétichisme et qui amènent souvent des conflits graves, comme le blocus des Anglais en 1876, qu'on raconte, à la côte, de la manière suivante :

Les Cabacères (1) de Whydah ayant battu des sujets anglais, le roi du Dahomey fut frappé d'une rançon, la côte fut immédiatement bloquée et le commerce arrêté.

Le roi ne voulant pas s'exécuter et les maisons commerciales ne faisant plus d'affaires, ce sont les chefs de ces maisons qui préférèrent payer l'amende infligée au roi, afin de pouvoir continuer leur commerce. C'est assez original !

Je ne parlerai pas des mœurs et coutumes sanglantes du Dahomey; ni des soi-disant trésors royaux, enfouis dans les tombeaux avec leurs souverains propriétaires. De nombreux voyageurs se sont chargés de les raconter, plus ou moins véridiquement, selon leur tempérament plus ou moins sérieux, plus ou moins accessible à la légende dahoméenne.

M'étant déjà trop attardé sur Whydah, il est temps de lever l'ancre et d'aller visiter Godomé, qui est à quarante ou quarante-cinq milles de là ; nous reparlerons de Whydah au chapitre Dahomey, à cause des événements actuels.

GODOMÉ. — Nous avons ici deux comptoirs importants, qui sont la propriété de MM. Fabre et Régis. Grand commerce d'huile de palme. L'huile du Dahomey est la plus renommée de toute la côte.

(1) Cabacères, représentants du roi de Dahomey.

A six milles environ à l'est de Godomé, se trouve *Appi* ou *Kotonou* ; là, MM. Régis, Fabre, Daumas-Lartigue, les frères Mark et Borelly ont fondé des factoreries. Ces établissements emploient beaucoup de Français.

Porto-Novo. — La cité de Porto-Novo est bâtie sur une lagune, qui s'étend entre Quitta et Lagos. Les Pères des Missions Africaines de Lyon, dont M. l'abbé Planque est le supérieur général, y ont une mission, dont la maison-mère est à Lagos ; nous en reparlerons au chapitre Dahomey.

Nous voici mouillés devant *Badagry*, ville anglaise d'environ dix mille âmes ; elle fait partie de la colonie de Lagos, est administrée par un commandant civil, dépendant du gouverneur qui habite Lagos. La ville se trouve sur la lagune, à environ un mille dans l'intérieur ; elle possède une garnison, des missionnaires protestants anglais et des factoreries.

Les Pères catholiques de Porto-Novo dirigent, à deux milles à l'est du mont Badagry, une ferme-école qu'ils ont créée eux-mêmes et qui fait merveille.

Les événements du Dahomey, ayant donné à cette publication un certain regain d'actualité, nous dirons, plus loin, ce que la France pourrait faire dans ce pays d'avenir, en utilisant les noirs du Sénégal, de la côte occidentale d'Afrique et des tirailleurs algériens, qui seuls pourraient résister dans une expédition sous ce climat meurtrier.

Lagos. — Arrêtons-nous un instant à Lagos, la capitale des possessions anglaises.

La ville est située dans une île formée par l'Ossa, elle compte de soixante à soixante-cinq mille âmes ; de nombreux cours d'eau permettent de pénétrer dans l'intérieur, d'aller dans toutes les directions et d'atteindre même le Niger en bateau à vapeur.

Le Gouverneur possède une garnison importante ; il a à sa disposition une canonnière, *la Gertrude*, dont le faible tirant d'eau lui permet l'accès de toutes les rivières d'une certaine importance.

Le grand commerce de Lagos est principalement entre les mains des Anglais et des Allemands ; nous y avons cependant la maison Cyprien Fabre, dont nous avons déjà parlé, l'armateur de Marseille, qui dirige la Compagnie française de navigation à vapeur, et la maison Régis.

Il y avait aussi la maison Colonna de Lecca, agent consulaire de France, mais il est mort subitement à Lyon, il y a deux ans, victime de son séjour trop prolongé à la Côte. Nous adressons un hommage mérité à la mémoire de cet excellent homme, pour les soins désintéressés qu'il a donnés aux agents français de la Compagnie française de l'Afrique équatoriale. Ils sont nombreux, nos malades qui ont trouvé, chez M. Colonna de Lecca, une large hospitalité et des secours de toutes sortes.

Nous avons aussi à Lagos la maison des Missions Africaines de Lyon, dont le R. P. Chausse, l'intrépide explorateur bien connu, est le supérieur. Il rend, avec le concours de ses vaillants confrères et des Sœurs, les plus grands services dans toutes ces contrées. Nous aurons l'occasion d'en parler dans un chapitre spécial que nous consacrons aux missionnaires de la Côte et du Niger Inférieur.

Disons adieu à Lagos et entrons dans le golfe de Bénin, où se jettent de nombreux cours d'eaux bourbeuses, qui empoisonnent l'atmosphère et jaunissent la mer à près de dix milles au large. Les eaux sales et écumeuses qui charrient tous les détritus de l'intérieur, sont toujours agitées. La houle y est à l'état de permanence, les requins y pullulent et jettent la terreur parmi les naturels de cette partie de la côte, la plus insalubre de toutes celles que nous venons de parcourir.

Les nombreuses rivières qui se jettent dans le golfe de Bénin, appartiennent aux Anglais. Ce sont : Bénin, Escardos, Forcados, Ramos, Pennington, Middeleton et, plus bas, dans le golfe de Guinée : Noun, Brass, Sambrero, Nouveau-Calabar, Bonny, Vieux-Calabar, Rio-del-Rey, Caméroun, etc.

N'ayant pas dépassé Bonny, je m'abstiendrai de parler des lieux que je n'ai pas visités.

Toutes ces rivières sont des bouches plus ou moins importantes du Niger ; elles font partie de son delta et appartiennent au même système hydrographique.

Ainsi, une chaloupe à vapeur, partant de Bonny, arrive à Brass, d'où elle gagne Noun ; de là, elle peut remonter le Niger jusqu'aux rapides, ou bien déboucher, par n'importe quelle rivière, dans le golfe de Bénin. Elle pourrait aussi remonter directement de Bonny à Abo, en aval d'Onitcha.

Mais il est temps de revenir à bord du *Gabon* que nous avons laissé à l'ancre devant les factoreries de Bénin, où le capitaine Monro approvisionne vivement les différentes factoreries anglaises, établies dans ces lieux d'infection, près des villages Fish-Town et Salt-Town, puis il lève l'ancre rapidement et se dirige à toute vapeur sur Bonny, en brûlant Brass, lieu de notre destination où le *Gabon* n'a pu entrer à cause de son tirant d'eau, ainsi que nous allons le voir.

C'est le 1ᵉʳ avril que le *Gabon* entrait majestueusement dans l'estuaire de Bonny et prenait place pour la première fois, depuis son départ de Liverpool, 26 février, à côté d'un grand nombre de steamers, de chaloupes et de pontons, comme dans un port ordinaire d'Europe.

L'entrée de Bonny est fort dangereuse à cause des bancs de sable qui se prolongent à six ou sept milles de la côte et sur lesquels la mer brise avec fracas.

Le canal (ou la passe) dans lequel il faut s'engager pour pénétrer dans l'estuaire ayant plusieurs mètres de profondeur, ce qui permet aux plus gros steamers de la franchir à marée haute, mais non à marée basse.

Cette passe est déterminée par des bouées rouges et noires, placées de distance en distance. Les capitaines doivent les suivre avec de grandes précautions, s'ils ne veulent s'exposer à perdre leurs navires. Le plus simple serait, pour ceux qui ne connaîtraient pas la passe, de demander un pilote au village de Bonny.

Le port (car c'est un véritable port) est l'entrepôt général des marchandises venant d'Europe, à destination de

AFRIQUE OCCIDENTALE. — BRASS. — EMBOUCHURE DU NIGER.

cette grande partie de la côte qui s'étend depuis Lagos jusqu'au Gabon. C'est aussi un entrepôt de charbon.

Les magasins ne sont pas à terre, comme on pourrait le croire, mais sur des pontons immenses, recouverts d'un toit en zinc et aménagés en conséquence ; ils peuvent recevoir dans leurs flancs plusieurs milliers de tonnes de marchandises, de charbon ou de produits africains.

Voici comment les choses se passent. Les grands paquebots anglais qui font le service d'Angleterre à la côte, comme le *Gabon*, par exemple, ne peuvent pas, à cause de leur fort tirant d'eau, entrer dans toutes les rivières où il y a des comptoirs européens; alors, ils entrent dans le port de la Bonny et ils transbordent leur chargement sur ces docks flottants, où de petits navires, à fond plat, dont le faible tirant d'eau leur permet l'accès de toutes les rivières, viennent les prendre et les porter à leur destination. A leur retour, ils rapportent sur les pontons les produits qu'ils ont pris dans les factoreries et où les grands steamers viennent les chercher pour les porter en Europe.

Aujourd'hui, les Compagnies de navigation de Liverpool, guidées par l'expérience, ont fait construire un certain nombre de steamers d'un très fort tonnage, mais à coquille plate, qui leur permet d'entrer dans les fleuves les plus importants, où les Européens possèdent des établissements et, toutes les fois qu'il y a un chargement considérable de marchandises à déposer, ou de nombreux produits à prendre, ces grands navires font directement le voyage sans faire escale à Bonny, de manière à se passer du concours de leurs satellites et à éviter ainsi des transbordements coûteux.

C'est sur un de ces petits satellites, *le Dodo*, que mon neveu et moi, avons pris passage de Bonny à Brass, où nous avons débarqué le trois avril, après trente-sept jours de traversée et plus de vingt-sept escales.

BRASS. — L'embouchure de Brass est la troisième, par rang d'importance, de toutes les embouchures du Niger :

elle vient après Bonny et Noun ; les navires ayant de quinze à dix-sept pieds de tirant peuvent y entrer à marée haute.

La passe est indiquée par une bouée mouillée au large, en face de l'axe formé par les deux rives.

Comme la barre est mauvaise, il est préférable pour les capitaines qui ne l'auraient jamais franchie, de hisser le pavillon de pilote et de tirer un coup de canon, d'autant plus que la bouée est souvent entraînée par le mauvais temps. Il y a au village de Twa, situé près de l'embouchure, un peu dans l'intérieur, un pilote noir très habile, qui arrive toujours au coup de canon tiré par les navires ; immédiatement, ce pilote se transporte à bord et on peut se fier à lui.

Dès qu'on est entré dans le fleuve, on se trouve au milieu d'un vaste bassin, bordé de palétuviers.

Tous les établissements européens, la mission et le cimetière, sont situés sur la rive gauche.

La rive droite, étant très vaseuse et n'offrant pas de fond, ne permet pas d'accoster la plage.

L'escale de Brass, étant le terme de mon voyage, je ne peux pas passer à un autre chapitre sans donner mes impressions sur cette longue étendue de la côte occidentale d'Afrique, où les Anglais ont la prépondérance. Leur puissance est telle, qu'ils peuvent se dire, dès à présent, les maîtres de tout le littoral et de l'intérieur. Ceux qui trouvent que nous sommes mieux partagés qu'eux se trompent étrangement.

L'empire des Indes a commencé par un comptoir ; c'est par des comptoirs que l'empire du centre africain sera prochainement créé, au profit de la Grande-Bretagne.

Les Français, les Allemands et les Portugais sont absorbés et considérés déjà comme quantités négligeables.

Toutes les grandes routes fluviales sont aux Anglais. Le coup mortel, ainsi que nous l'avons dit, a été porté par eux à toute l'Europe, au traité de Berlin, qui leur a livré le Niger moyen et inférieur ainsi que la Bénoué, c'est-

NIGER. — Un Magasin de la Factorerie a Brass; tonneaux d'huile de palme.

à-dire tous les vastes territoires compris depuis Tchad-Say jusqu'au lac Tchad, dans une ligne qui, partant de Say, sur le Niger, enveloppe l'empire de Sokoto et tous les Etats de Gando, Noupé, Haoussa, Bornou, et enfin la province d'Adamaoua (1).

C'est en vain que nos vaillants compatriotes ont lutté, depuis si longtemps, pour faire connaître, aimer et respecter notre pavillon, par ces nombreuses populations. Honneur à tous et surtout aux Verminck, aux Régis, aux Verdier et Cyprien Fabre, aux Daumas-Berrauld et aux Desprez, les derniers venus, mais les premiers arrivés à Chonga et Ibi, dans l'intérieur, que le récent traité anglo-français a définitivement abandonné aux Anglais.

Avant d'aller plus loin, dans ce modeste ouvrage, et afin de ne pas fatiguer le lecteur, je demande la permission de lui exposer le plan adopté et qui paraît le plus propre à fixer les idées, tout en rompant la monotonie inhérente aux récits de voyage :

1º Je vais d'abord consacrer un chapitre à la description physique du bassin du Niger ;

2º Je ferai succinctement l'historique des campagnes 1881, 1882, 1883, 1884, 1885 ;

3º Habitants, religion, mœurs, coutumes, industrie, etc. ;

4º Un aperçu sur la faune et la flore ;

5º Un chapitre spécial au commerce dans le Niger ;

6º Un chapitre sur nos missionnaires ;

7º Au Dahomey.

---

(1) Ces lignes étaient écrites en 1881, avant le traité de Berlin. Aujourd'hui, c'est un fait accompli.

NIGER. — BERGERIE A BRASS.

CHAPITRE IV

Géographie physique

BASSIN DU NIGER

ES anciens n'ont jamais connu ni les sources ni les embouchures du Niger.

Voici la description qu'en a fait Ptolémée :

« Le Niger relie le mont Mandron et le mont Thala, il forme le lac Nigris (lac Debou).

« Du nord lui arrivent deux affluents venus l'un de Sagapola, l'autre du mont Ousargara.

« Une branche orientale forme le lac Lybien placé à 35° de longitude, 16° 3' de latitude. Du côté du sud, dans la direction du Daras, il y a une branche signalée sur deux points : 21° 17' de longitude, 21° 13' 30" de latitude. »

Aujourd'hui, le cours du Niger est parfaitement connu.

Il prend sa source sur le versant oriental du Fouta-

Djallon, au mont Loma, contrefort des monts Kong, se dirige d'abord vers le nord-est sous divers noms, arrose Bamakou, Yamina, Ségou, Sikoro, alimente le lac Debou, passe à Cabra, port de Tombouctou, longe le Sahara de l'ouest à l'est, depuis Eha jusqu'au 2° de longitude est, s'infléchit ensuite vers le sud-est jusqu'à Egga, où, changeant brusquement de direction, il court perpendiculairement à l'équateur et se jette dans le golfe de Guinée, par une vingtaine d'embouchures, dont trois sont de véritables ports commerciaux donnant accès à la navigation du Niger. Ce sont : Bonny, Brass et Noun, cette dernière est la plus grande coulée. Dans son estuaire se trouve Akassa, où les Anglais ont leur entrepôt général.

La marée, se faisant sentir jusqu'à près de cent vingt kilomètres dans l'intérieur des terres, rend l'eau saumâtre, impotable et impropre à l'alimentation des chaudières.

Pendant ce très long cours d'environ mille lieues, le fleuve reçoit un très grand nombre d'affluents dont les plus importants sont sur la rive gauche :

Sokoto, qui porte ses eaux en aval des cataractes près de Zaria; Stofini; la Koudouna; le Bakou; Weninghi, ce tributaire du Niger, est navigable dans la saison des hautes eaux pour les chaloupes à vapeur; c'est cette rivière que prennent les explorateurs et les blancs qui se rendent à Bidda.

On s'embarque à Egga; on débarque, environ huit heures après, au village de Weninghi, situé sur la rive droite, où le roi envoie chercher ses hôtes avec des chevaux et une escorte plus ou moins brillante, selon l'importance des blancs qui vont lui rendre visite.

Comme affluents, nous citerons encore le Gourara, qui passe à Egga, et la grande rivière Bénoué.

Cette rivière ouvre la route de la province d'Adamaoua et du lac Tchad, d'où nous arrive, tous les ans, une très grande quantité d'ivoire qui enrichit le grand marché de Liverpool, grâce à notre manque de savoir-faire; car si on avait maintenu au Niger les compagnies françaises, en

UNE VUE DE LOKODJA. — MAISON DE L'ÉVÊQUE ANGLICAN CROWTHER.

créant le service de transport à vapeur que j'ai toujours réclamé, c'est sur Marseille, Bordeaux et le Havre que cet ivoire aurait pu être dirigé (1).

Sur la rive droite, les tributaires principaux sont : Gatinda, qui se jette à Ouaigoun; Yali; Sirba; Meymeh, ce dernier débouche en aval de Boussa; enfin Oly, Osin et Edo dans le bas Niger.

N'ayant pas dépassé les limites de Rabba, je me suis muni de renseignements auprès des voyageurs indigènes, pour avoir des données sur le haut Niger, que je n'ai point visité; j'ai remonté plusieurs fois le fleuve depuis l'embouchure de Brass jusqu'à Chonga et j'ai pris les notes suivantes que je donne comme certaines.

Le Niger, depuis la mer jusqu'à Rabba, coule tantôt en un seul lit et tantôt se ramifie en une infinité de branches, qui serpentent de toutes parts, comme des méandres, forment des îles et finissent toujours par se jeter dans le lit principal, d'où elles s'étaient naguère détachées.

Le lit du fleuve est de nature vaseuse depuis la mer jusque près d'Abo, où il devient alors sablonneux; ses eaux sont d'une couleur jaunâtre, qui s'accentue dans les saisons pluvieuses.

Dans sa partie inférieure, le Niger est encaissé, pendant la saison sèche, entre des berges, s'élevant à près de trente et quelquefois quarante mètres de hauteur; à ce moment il ne se laisse remonter que jusqu'à Abo, par des bateaux à vapeur ayant un tirant de cinq pieds; encore faut-il bien connaître le chenal, sous peine d'échouer, comme cela nous est arrivé souvent.

Dans la saison pluvieuse, l'eau déborde de toutes parts, inonde de vastes plaines et y dépose tous les détritus, tous les germes d'infection qui déciment les Européens. De

---

(1) Ainsi que je l'ai dit plus haut, cette ligne postale française a été enfin créée; elle part du Havre tous les deux mois, le 5, avec escale à Cherbourg et Bordeaux, et de Marseille tous les deux mois, le 10.
Les steamers des compagnies African Steamship and African Steam navigation. — Départ de Liverpool tous les samedis.

nouveaux torrents se forment dans les contrées montagneuses et le fleuve charrie des arbres de dimensions prodigieuses, qui renversent tout ce qu'ils rencontrent sur leur passage. Souvent ils se fixent dans le lit de la rivière et créent de grands dangers pour les navires qui vont quelquefois se briser contre leurs troncs ; cela m'est arrivé trois ou quatre fois, avec les steamers ; mais s'il y a du danger pour les navires, qu'est-ce donc pour les chaloupes à vapeur ?

Les directeurs avaient mis à ma disposition, pour inspecter les comptoirs, une petite chaloupe, en acier, qui calait trois pieds, lorsqu'elle portait mes vivres et le personnel. Elle filait vingt et un milles à l'heure en redescendant et seize environ en remontant. Je l'avais baptisée la *Rapide* à cause de sa vitesse et elle justifiait bien son nom. L'épaisseur des plaques n'était que de trois millimètres. Que l'on s'imagine une pareille embarcation avec cette vertigineuse vitesse, allant se jeter sur un tronc d'arbre en plein Niger, où les caïmans pullulent, et l'on aura une idée des dangers que je signale plus haut. Nous avions bien soin, à bord de notre frêle chaloupe, de regarder devant nous ; mais les gros troncs d'arbres sont souvent charriés entre deux eaux et on ne les aperçoit pas toujours.

Je songeais aussi, surtout lorsque je remontais le courant, que ces deux vitesses, se produisant à l'encontre l'une de l'autre, ne nous auraient pas permis de nous garer à temps. Les noirs de mon escorte n'ont certainement jamais compris la gravité des dangers qu'ils ont courus ; il est vrai qu'ils avaient tous une provision considérable de grisgris et d'amulettes, plus ou moins préservatrices, dont j'ai dû bénéficier.

Lorsqu'on arrive dans les environs du village de Beaufort-Isle, le lit du fleuve est semé de rochers, dont les uns sont visibles et les autres plus ou moins submergés. La navigation, dans ces parages, est fort dangereuse jusqu'à Lokodja, où les rochers disparaissent définitivement ; ils ne reparaissent de nouveau qu'à Rabba, Badjebo et aux cataractes.

Le fleuve, dans toute cette partie rocheuse, coule entre deux chaines de montagnes. Celle de la rive gauche a été désignée, par le docteur Baikie, sous le nom de King-William-Range; celle de la rive droite porte le nom de monts Oro et Déacon.

Le lieutenant de vaisseau Glower, qui a fait la carte anglaise, et avec lui d'autres explorateurs, ont désigné le mont Lokodja, sous le nom de Paté. C'est là une erreur qu'il convient de rectifier.

En langue noupé, *Paté* veut dire montagne; toutes les montagnes de ce royaume sont donc des *Paté*. Tout le monde sait que les noirs de l'Afrique ne donnent aucun nom aux montagnes ni aux fleuves.

Si le Niger, par exemple, change plusieurs fois de nom dans son long parcours, c'est que les langues des contrées qu'il arrose varient elles-mêmes.

On parle six langues depuis la mer jusqu'au Noupé et l'on comprend facilement que le mot fleuve est désigné sous des noms différents par les indigènes.

Les mêmes explorateurs, qui n'ont fait que traverser Lokodja, ont commis d'autres erreurs : ils ont prétendu que sur le mont Lokodja, il y avait des orangers, des citronniers et une foule d'autres arbres fruitiers.

La vérité est que cette montagne, dont l'altitude est évaluée à douze cents soixante pieds, que j'ai gravie pour mon malheur, puisque j'y ai pris une fièvre qui a failli m'emporter, n'est couverte que d'épaisses broussailles et de maquis touffus, auxquels les indigènes mettent le feu dans la saison sèche, pour ménager des pâturages à leurs *chèvres*. J'appuie sur ce mot « chèvres » parce que des explorateurs de l'Afrique équatoriale ont publié des ouvrages de fantaisie, dans lesquels ils prétendent avoir vu beaucoup de lait, du beurre, des vaches, etc. Ces mêmes explorateurs ont affirmé qu'ils avaient vu beaucoup d'huile de palme à Egga.

Or, j'ai sous les yeux toutes mes notes prises au jour le jour, sur des agendas de 1881 à 1885, et je déclare, formellement, qu'il n'y a pas de vaches à Lokodja et partant pas de lait ni de beurre ; que l'huile de palme y est absolument rare et qu'enfin mon chef de factoreries d'Egga, M. King, n'a pas expédié un seul baril d'huile à Brass en cinq ans.

J'ai habité Lokodja fort longtemps, j'y ai été souvent malade, j'y ai soigné un de mes braves agents, M. de Busserolles, qui y a trouvé la mort, à la suite d'une dysenterie. J'ai cherché du lait partout pour ce pauvre malade et je ne suis parvenu à trouver qu'un petit verre de lait de chèvre, que le gouverneur Méhou a bien voulu me donner.

Je reprends mon récit sur Lokodja, pour affirmer les faits inédits suivants :

Il y a cinquante ou soixante ans, la ville était située sur le faîte d'une haute montagne.

Bien que les noirs n'atteignent pas une grande vieillesse, plusieurs se souviennent que leurs pères habitaient là-haut, mais que les musulmans, fidèles à leur doctrine de pillage et de destruction, ont saccagé, détruit la cité, qu'ils ont incendiée, et ont emmené en esclavage tous les habitants valides.

Sort réservé aux païens qui restent, si les Anglais n'y mettent ordre.

Derrière les montagnes de la rive droite de Lokodja, en redescendant vers Onitcha, se trouvent d'autres montagnes qui seraient le prolongement du Kong ; aucun Européen ne les a visitées.

Abbega, mon interprète, qui a eu l'honneur de suivre le docteur Barth dans ses remarquables explorations et qui l'a assisté dans ses derniers moments, m'a assuré que les susdites montagnes sont très peuplées. Sur une seule colline, il y a une soixantaine de villages, dont le plus considérable se nomme Coqhérico. D'autres naturels que j'ai interrogés, ont confirmé ce renseignement, que je donne sous toutes réserves. Il faut citer aussi un village qui porte le nom illus-

ABBEGGA, interprète du commandant Mattei, compagnon d'exploration du fameux docteur Barth, messager auprès du roi de Bida, pour négocier l'installation des missionnaires a Lokodja, en septembre 1884.

tre de Oria. Le célèbre André d'Oria ou quelqu'un des siens serait-il passé par là?

Quelques personnes qui s'occupent de géographie, se demandent encore aujourd'hui, si le Niger est bien navigable dans tout son parcours.

Les naturels de Chonga, de Badjebo et d'autres voyageurs noirs, dont un Touareg que j'ai rencontré à Chonga, m'ont tous répondu affirmativement, en ajoutant cependant que les gros navires, comme celui qui m'appartenait et que je fis visiter, ne pourraient pas franchir les cataractes; mais que les pirogues pourraient passer même les rapides.

Un arabe blanc nommé Ali, confident du roi de Bidda, m'a affirmé qu'il était allé en pirogue, de Badjebo à Kabara, port de Tombouctou, mais qu'il avait failli se noyer en traversant les cataractes, ce qui indiquerait que le passage est dangereux.

Les Anglais Lavid et Olfied (je l'ai lu quelque part) sont arrivés à Boussa, en partant de la mer.

Les frères Lander ont redescendu le fleuve, depuis Boussa jusqu'à la mer.

Mungo-Park est parti en pirogue de Bamakou et est arrivé en pirogue à Boussa, où il périt. Il faut donc conclure que le Niger est navigable pour les vapeurs dans tout son parcours, sauf aux rapides.

Depuis la côte jusqu'à Onitcha, le pays est plat, découvert, on n'y trouverait pas un caillou de la grosseur d'une noisette. Ce n'est qu'à Beaufort-Isle, qu'on commence à apercevoir des collines isolées; point de chaînes dorsales, point de plateaux, des cônes reliés entre eux par des chaînons, des tufs noirs et gris; les cimes atteignent huit cents, neuf cents et mille pieds.

Le terrain est sablonneux, rougeâtre, la végétation luxuriante, mais peu variée, surtout dans le delta, où l'on ne voit que des mangliers (palétuviers) qui bordent tristement les deux rives, jusqu'à environ cinquante milles de la mer. A partir de là, on commence à rencontrer le palmier, le cocotier, le cotonnier, l'indigotier, et plus on remonte, plus la variété de la flore des tropiques s'accentue, principalement au cent quatorzième mille à partir de la côte; on est alors en plein pays des plateaux fertiles et pittoresques, qui vont en s'élevant graduellement jusqu'à Sokoto, mais avec de nombreuses solutions de continuité se produisant alternativement sur les deux rives. C'est le pays que convoitent les Anglais, ils l'auront (1).

Le caractère géologique indique dans certaines parties, telles qu'Onitcha, Idda, Lokodja, des mines de fer, d'antimoine et peut-être des gisements aurifères, car on rencontre dans ces localités des poteries, dont la terre contient des parcelles d'or.

Entre Onitcha et Egga, on aperçoit des collines isolées, ayant la forme et la composition de celles qui se trouvent à Biskra et à Bou-Sâada dans la province de Constantine; elles ne sont cependant pas vierges de végétation, comme celles du désert de l'Algérie. Leurs flancs sont, au contraire, couverts d'arbres et d'arbustes aux formes bizarres, qui s'échappent des escarpements comme des fantômes.

On voit aussi des monts de forme tantôt conique, tantôt affectant l'aspect de vieilles murailles ou de forteresses en ruines.

Avant de parler de la climatologie, je demande la permission au lecteur de raconter le fait suivant :

Lorsque je suis rentré du Bas-Niger, en mai 1885, M. Charles Bayle m'a prié de lui fournir, sur la Bénoué, quelques pages destinées à son Atlas colonial qui allait paraître.

Encore affaibli par la fièvre, j'ai rapidement écrit, comme je l'ai pu, sans consulter mes notes enfermées dans mes malles, un article auquel il a bien voulu faire les honneurs de son Atlas, ce dont je le remercie, mais cet article est incomplet. J'y disais que l'année, dans le Niger inférieur, était divisée en deux saisons; cela est vrai, mais jusqu'à un cer-

---

(1) Le traité anglo-français vient de le leur livrer, ainsi que nous l'avons dit plus haut.

tain point. Je vais tâcher de compléter aujourd'hui ce que j'ai dit sommairement à cette époque.

Dans la région du haut et du moyen Niger, jusqu'à son delta, l'année est bien divisée en deux saisons, comme je l'ai écrit dans l'Altas colonial : la saison sèche qui correspond à l'été des zones tempérées et qui commence généralement à la fin de novembre, pour finir avec le mois de juin, et l'hivernage, c'est-à-dire la saison des pluies, qui commence généralement vers la fin de mai et qui dure jusqu'à la fin de novembre.

Mais, aux environs de l'équateur (quatre ou cinq degrés de latitude nord et de latitude sud), on compte quatre saisons, deux sèches et deux pluvieuses.

La première saison sèche commence vers le milieu de janvier et dure quinze ou vingt jours. La saison des grandes pluies lui succède alors et finit vers la fin de mai; vient ensuite la seconde saison sèche, qui se continue jusqu'au milieu d'octobre. La seconde saison pluvieuse arrive à son tour et dure jusque vers le milieu de janvier.

La seconde saison pluvieuse est moins mauvaise que la première, elle est coupée par des alternatives de beau temps.

Dans les saisons sèches, la végétation est en souffrance, tandis que les habitants recouvrent la vigueur et la santé.

A Egga, où je me trouvais en 1882, le thermomètre centigrade n'a pas dépassé 30° dans les mois de novembre et décembre.

Voici à ce sujet des chiffres relevés scrupuleusement :

28 novembre 1882.

A 4 heures 1/2 du matin	21°
A 10 heures du matin	27°
A 2 heures du soir	29°
A 3 heures 1/2 du soir	30°
A 10 heures du soir	22°

1ᵉʳ décembre 1882.

A 9 heures du matin	26°

A midi.. 29° 1/2
A 9 heures du soir....................................... 23°

22 décembre 1882.

Saison de l'harmattan.

L'harmattan est un vent chaud de l'Est qui souffle dans la saison sèche; il dure de deux à huit jours, c'est le sirocco de l'Algérie.

A 7 heures du matin...................................... 24°
A 2 heures du soir....................................... 24°
A 5 heures du soir....................................... 25°
A 9 heures du soir....................................... 23°

31 décembre 1882.

A 6 heures du matin...................................... 26°
A 2 heures du soir....................................... 28°
A 5 heures du soir....................................... 25°
A 9 heures du soir....................................... 23°

Dans la saison sèche, il pleut si rarement, que les habitants, par crainte d'incendies, dégarnissent leurs toits, qu'ils ont l'habitude de recouvrir de paille de mil; ils laissent sur place les bambous qui composent la toiture, de manière qu'ils n'ont plus qu'à replacer de la paille nouvelle, lorsque la saison des pluies arrive.

J'ai eu l'honneur d'assister dans cette ville, à une pluie battante, en pleine saison sèche, chose extrêmement rare au dire des naturels.

Je copie textuellement sur mon agenda la note suivante :

Egga, jeudi 21 décembre 1882

A 5 heures du matin...................................... 24°
A 3 heures 1/2 du soir................................... 28°
A 8 heures 1/2 du soir................................... 23°

Vers trois heures et demie du soir, le ciel est gris, on ne voit pas le soleil, coups de tonnerre dans le lointain et pluie torrentielle, à partir de cinq heures et demie jusqu'à la nuit.

UNE VUE D'EGGA.

Tout le monde est inondé dans les cases, et les marchandises des magasins sont fortement avariées. Ce phénomène n'a duré que quelques heures.

La saison d'hiver est la plus malsaine; les Européens souffrent de la chaleur, non qu'elle soit trop forte, mais parce qu'elle est lourde, humide, principalement dans le delta et à Brass. Dans ce dernier endroit, les allumettes refusent de s'enflammer et la chaussure moisit du jour au lendemain.

Ce n'est pas du tout la chaleur sèche de Biskra, de Tuggurth et de Laghouat en Algérie, où la transpiration s'évapore, au fur et à mesure qu'elle arrive à la peau, en y déposant une espèce de sel très fin.

Ici, rien de semblable, on transpire abondamment, la figure ruisselle la nuit, comme le jour; le corps est dans un état constant d'affaiblissement.

Les inondations apportent, par surcroît, des miasmes putrides, délétères, qui répandent dans l'atmosphère des myriades de microbes. La malaria et toutes les fièvres connues et inconnues qui déciment les Européens, en sont la conséquence.

Au moment des pluies, les eaux du Niger sortant de leur lit, les échouements ne sont plus à craindre; les navires de quinze pieds de tirant, filent à toute vitesse par-dessus les bancs et les rochers; mais un danger d'une autre nature se présente; ce sont les troncs d'arbres, dont nous avons déjà parlé, que le courant charrie avec rage et qui, plus d'une fois, ont brisé nos navires.

Il est indispensable d'avoir toujours sous la main, du coton, du goudron, du zinc et tous les instruments nécessaires pour boucher promptement un trou.

Il est prudent de ne naviguer qu'avec des navires ayant beaucoup de cloisons étanches et de mouiller à la nuit.

Le volume d'eau du Niger diminue graduellement vers la fin de novembre; cependant, il arrive qu'il tombe brusquement et, du jour au lendemain, on se trouve échoué. Cela nous est arrivé malheureusement très souvent (voir le chapitre Échouement).

C'est au moment de la baisse des eaux que de nouveaux bancs et de nouveaux méandres se forment. D'autres îles apparaissent et les chenaux sont à étudier de nouveau.

La navigation, alors, n'est plus possible ; les communications avec les factoreries n'ont lieu qu'au moyen de chaloupes à vapeur, ou de pirogues. La traite continue cependant, mais les produits restent emmagasinés jusqu'à la saison des pluies.

Les navires calant cinq pieds peuvent cependant s'aventurer avec un petit chargement, jusqu'à Abo et même jusqu'à Onitcha, s'ils sont bien pilotés; mais il faut marcher avec une extrême précaution et interroger constamment le thalweg avec la sonde.

Quoique le pilote soit moins utile dans la saison pluvieuse, il est bon d'en avoir un spécial, à bord, choisi parmi les naturels du pays; on lui donne, chaque mois, dix ou douze caisses de gin, ou d'autres marchandises, à son choix, d'une valeur variant entre trente et quarante francs. On peut aussi ne lui donner que tant par voyage, mais alors on s'expose à ne pas trouver son pilote au moment voulu. Le mieux est donc de l'engager pour toute une saison, de ne jamais lui donner que des acomptes et de le prévenir qu'en cas d'ivrognerie, d'absence, ou de toute autre faute grave, pouvant porter préjudice à la Compagnie, il serait frappé d'amende.

Il est très utile que les agents blancs, appartenant à une Compagnie, fassent un ou deux voyages en chaloupe à vapeur, ou en pirogue dans chaque saison sèche, pour étudier le nouveau chenal, de manière à ne pas être entièrement à la merci d'un pilote noir.

CHAPITRE V

Historique

Les Anglais exploitaient le Bas-Niger, depuis plus de vingt ans, par les embouchures principales : Noun, Brass-River et Bonny.

La Compagnie qui débuta la première était de Manchester; elle porta le nom de *The West African* Cie *Limited*.

Une deuxième Compagnie est arrivée quelque temps après, prendre place à Brass-River, sous le nom de *Hotwel Jaks et Cie*; elle fit de mauvaises affaires et disparut après trois ans; mais elle se reforma sous le nom de *Central African Cie Limited* de Londres.

Une troisième Compagnie apparut en 1869, sous le nom d'*Alexandre Miller frères et Cie* de Glascow.

Ces trois Compagnies se faisaient une concurrence acharnée qui ne profitait qu'aux indigènes, lorsqu'en 1879, leurs directeurs prirent le parti de fusionner. Elles se fondirent en une seule Compagnie sous le nom de *United African Cie Limited*, au capital de 6,250,000 francs.

En 1880, cette Compagnie s'est transformée de nouveau; elle a élevé son capital à la somme énorme de 25,000,000 de francs et a pris le nom de *National African Cie Limited*.

Son président, lord Aberdare, était président de la Société de géographie de Londres. C'est à cette époque, 1880, que les Français entrèrent en ligne.

M. le comte de Sémellé, ancien officier de tirailleurs algériens, eut la patriotique idée d'établir des comptoirs au Niger. Il s'associa avec quelques amis, on créa une société anonyme, au capital de 500,000 francs, dont la maison Desprez-Huchet eut la direction.

M. de Sémellé partit de Nantes le 20 avril 1880, à bord de sa goélette à vapeur en fer *Adamaoua*, calant cinq pieds, armée de deux canons de quatre, dits de montagne. Il arriva à Brass, dans le courant du mois de juin, se procura une chaloupe à vapeur, l'*Amélie*, acheta une maison et des magasins et y établit son dépôt général.

Il avait amené avec lui quelques agents français, à la tête desquels étaient MM. Liszewski et Viard.

Aidé de ces messieurs, il fonda cinq comptoirs dans le Niger :

1° A Abo, situé à soixante-quinze milles de la mer ;
2° Onitcha, à cent quatorze milles ;
3° Igbébé, à deux cent dix-neuf milles, au confluent de la Bénoué, rive gauche ;
4° Lokodja, en face Igbébé ;
5° Egga, ville principale du royaume de Noupé, située à trois cents milles de la mer.

Dans la Bénoué, il créa une sixième factorerie, à Loko, village d'un millier d'habitants, qui se trouve à soixante-dix milles de son confluent.

M. de Sémellé étant tombé malade, s'embarqua pour la France, mais il mourut en mer, à bord du *Gabon*, le 28 octobre 1880, six mois après son départ.

UNE VUE DE LA FACTORERIE FRANÇAISE DE LOKODJA

Sa mort amena un grand désarroi dans cette Société naissante, à laquelle il n'avait pas eu le temps de donner un corps.

Cependant, MM. les directeurs ne perdirent pas courage ; ils doublèrent le capital, commandèrent un deuxième navire, le *Noupé*, mieux conditionné que l'*Adamaoua*, et, avec l'autorisation de M. le Ministre de la Guerre, ils me désignèrent comme agent général de la Compagnie.

M. le Ministre des Affaires étrangères me confia les fonctions d'agent consulaire de France à Brass-River.

En débarquant à Brass, j'installai le Comptable, M. Leroux, ancien sergent-major de tirailleurs algériens, qui nous a rendu plus tard de grands services dans la Bénoué.

Remontant ensuite le Niger pour inspecter les factoreries et régulariser par des traités, passés avec les rois, au nom du gouvernement français, la situation des emplacements sur lesquels M. de Sémellé s'était installé, nous nous rencontrâmes, à Lokodja, avec l'agent général de la Compagnie anglaise, Mr Mac-Intoche, avec lequel il fut convenu :

1° Que les échanges, pour l'ivoire, l'huile de palme et les principaux produits, se feraient au prix dont nous avons dressé la liste et que nos agents les observeraient rigoureusement ;

2° Que nous ne nous enlèverions pas mutuellement nos employés noirs, par l'appât d'appointements plus élevés, et que tout employé, renvoyé d'une Compagnie, ne serait pas repris par l'autre ;

3° Que nous nous prêterions un mutuel appui dans le fleuve en cas de guerre avec les noirs.

Je partis ensuite pour Bida, rendre visite au roi du Noupé, Amourou.

Arrivé devant le village de Sosokouso, situé à seize milles en amont de Lokodja, dans une région montueuse, je vis un marché ; mouiller, obtenir du chef du village, moyennant quelques cadeaux, l'autorisation de fonder une factorerie, faire abattre les arbres, élever un magasin, le couvrir en zinc, mettre une quarantaine de mille francs de marchandises à terre et commencer immédiatement la traite, fut, pour nos Kroumen, l'affaire de quarante-huit heures.

Les Anglais furent stupéfaits de voir flotter le drapeau français en cet endroit, lorsqu'ils remontèrent le fleuve.

Voilà comment il faudrait opérer au Congo et partout où on a l'intention de coloniser sérieusement.

Continuant ma route, je parvins à Bida auprès du roi Amourou.

En arrivant devant son palais, je vis au bout d'une perche, fixée en terre, une tête humaine, fraîchement coupée, que des oiseaux, de l'ordre des rapaces, déchiquetaient à leur aise. J'ai des raisons pour croire que les rois de ces pays exécutent toujours un ou plusieurs esclaves (choisis sans doute parmi les plus mauvais) lorsqu'un blanc, avec lequel ils auront à traiter d'affaires, vient pour la première fois les visiter, et cela, probablement pour donner au blanc une haute idée de leur souveraine puissance et peut-être aussi pour l'effrayer.

Je traversai une grande cour, au milieu de laquelle étaient accroupis un millier de cavaliers, au blanc burnous, au visage voilé comme les Touaregs du Sahara.

Ils maintenaient leurs armes étincelantes verticalement entre leurs jambes et observaient le silence et l'immobilité.

Leurs chefs se tenaient dans une deuxième cour, ils étaient assis en demi-cercle autour du potentat. Celui-ci était nonchalamment étendu sur des peaux de panthères, et mollement accoudé sur des coussins de velours doré. Un esclave devenu un des premiers favoris de sa cour, par sa belle conduite à la guerre, lui grattait tout doucement les pieds (1).

Tous ces chefs étaient drapés dans des burnous multicolores, chamarrés d'or et d'argent. Ils semblaient tenir conseil sous la présidence du roi, qui leur parlait à tour de rôle en langue noupé.

(1) Contrairement à ce que l'on croit en Europe, on voit des esclaves arriver aux plus hautes fonctions.

Le navire « Adamaoua » quitte Brass pour remonter le Niger.
Le vapeur « Noupé » reçoit son chargement pour se rendre a Loko (Bénoué).

Leur attitude était pleine de déférence et empreinte d'un grand dévoûment.

Si tout cet apparat a été déployé par Amourou, dans le but d'éblouir le blanc qui venait le voir, il a dû être étonné du calme indifférent avec lequel le blanc a traversé les cours de son palais, sans jeter le moindre regard sur cette parade militaire. Il en avait vu de plus brillantes à Longchamps.

Amourou reçut les cadeaux d'usage ; mais il fut mécontent de ne pas en recevoir du gouvernement français, tandis que Sa Majesté britannique lui envoyait, tous les ans, de nombreux présents. Il montra, en effet, des canons en bronze, des pièces de soie, des tambours, des armes, des tapis, que le consul, M. Edouard Hewet, lui avait remis.

« — Ouvre les mains, disait-il, maintenant que tu arrives ; tu les fermeras plus tard et tu y trouveras ton compte. »

Hélas ! j'ai eu beau les ouvrir, nous ne sommes pas parvenus à donner la dixième partie de ce qu'avaient offert le Consul et l'Agent général de la Compagnie anglaise.

Le rapace monarque a trouvé que nous ne méritions pas d'aller plus loin et il me défendit formellement de dépasser Egga. Il me reprocha de m'être installé à Sosokouso, sans lui en avoir demandé l'autorisation. Cependant il donna à comprendre que, moyennant force cadeaux, il permettrait de fonder un comptoir à Chonga l'année suivante, c'est-à-dire en 1882.

Je savais que la *National African Cie United* jouissait de considérables immunités de la part de son gouvernement et de la Société de géographie de Londres et je rêvais, en soupirant, de voir la France devenir l'égale de l'Angleterre, dans ce pays si riche et si plein d'avenir. Mais comment faire ?

A mon arrivée à Paris, on essaya de porter le capital de la Compagnie à trois millions de francs ; on demanda une subvention au gouvernement d'alors, lui offrant, en retour, d'organiser une ligne de bateaux à vapeur faisant le service entre la France et le Gabon, en touchant au Sénégal et à tous les points de la côte occidentale d'Afrique où nous avons des intérêts, de manière à ne pas avoir recours aux steamers anglais.

L'organisation d'une telle ligne de bateaux français, nous aurait permis de nous approvisionner en France de la plupart de nos marchandises, et non à Liverpool, à Manchester, à Hambourg, etc., et tous nos produits de retour eussent été apportés à Marseille et au Havre, au lieu d'aller en Angleterre.

Les directeurs demandèrent, en outre, au Gouvernement, des cadeaux pour les rois; mais malheureusement, cette fois encore, on objecta le manque d'argent. Ils ne se découragèrent pourtant pas.

Le capital ne put être porté qu'à 1,500,000 francs; mais on augmenta le personnel français, et, le 16 juin 1882, je débarquai de nouveau à Brass-River, avec l'autorisation de créer des factoreries volantes, partout où seraient les Anglais, de manière à les empêcher de nous faire une aussi active concurrence.

En conséquence, les factoreries suivantes furent créées dans le Bas-Niger (je cite en remontant le fleuve): Okao, Odugri, Opaï, Ogu, Osutchy, Accri, Atani, Osibity, Odekwe, Oko, Aboutchy, Egga, Mambara, Aboken, Agbodan et Weninghi. (*Voir la carte du Niger.*)

La Compagnie française, dite du Sénégal (ancienne Compagnie Verminck), est venue prendre position à côté de nous, dans le courant de cette année 1882.

Le 31 août, le *Formoso,* grand bateau anglais, qui faisait le service de la Côte et qui avait été loué par la Compagnie anglaise, remonta le Niger.

Il avait à son bord le consul, M. Hewet, M. Ashbury, ancien membre du Parlement, actionnaire de la Compagnie, et le savant Forbes, membre de la Société de géographie de Londres.

Ces messieurs étaient porteurs de nombreux cadeaux envoyés par leur Gouvernement au roi de Bida et aux princes qu'ils allaient voir; voilà comment opèrent les Anglais au Soudan et partout où ils trouvent des débouchés pour leur commerce et leur industrie.

M. le consul Hewet nous apprit que le roi Amourou était mort et qu'il avait été remplacé par Moleki, le roi actuel. Je donne ces détails pour montrer combien les Anglais tiennent à ce pays, et avec quel esprit de suite et par quels sacrifices ils comptent s'en emparer.

Le 27 octobre, j'arrivai à Bida.

Les consuls et les agents généraux sont obligés d'aller voir le roi, au moins une fois par an, pour lui remettre les cadeaux d'usage, soit de la part de leurs gouvernements, soit de celle des Compagnies.

Le roi m'accueillit très froidement, parce que je n'avais pu lui donner que des cadeaux ordinaires, au nom de la Compagnie, c'est-à-dire : poudre, fusils, burnous et tissus.

Il y en avait pour 12,000 francs environ ; néanmoins, je lui renouvelai la demande faite à Amourou, l'année précédente, de nous laisser aller occuper Chonga. Je lui fis comprendre que, si les Anglais arrivaient à avoir le monopole commercial, ils feraient les échanges à des prix très élevés, ce qui plongerait les pauvres de son peuple dans une grande misère. Il était donc important, pour ses sujets, d'avoir les Français à côté des Anglais, afin que le commerce se fît dans des conditions plus justes et plus raisonnables. Il nous promit qu'en 1883 il nous y laisserait aller. Il nous conseilla de persévérer et nous promit son concours, à condition que l'on n'en dirait rien aux Anglais.

Cette petite promesse coûta deux cents fusils et deux cents barils de poudre, qu'il demanda séance tenante, en plus des cadeaux ordinaires.

J'ai appris, depuis, que les Anglais, pour nous empêcher d'aller nous établir à Chonga, avaient, non seulement doublé leurs cadeaux, mais avaient exonéré Moleki des dettes énormes d'Amourou (il est d'usage que le nouveau roi paye les dettes de son prédécesseur).

Le 23 février 1883, je m'embarquai pour la France et arrivai à Paris le 30 mars, rendre compte de ma mission.

Je signalai la concurrence effrénée de la Compagnie anglaise, qui paraissait se moquer des affaires commerciales. Ce qu'elle voulait, c'était de s'emparer du pays, le commerce n'étant qu'un prétexte.

Le Gouvernement nous accorda 3,000 francs de cadeaux, pour tous les potentats mendiants; c'était insuffisant!

La Compagnie doubla son capital; me confia deux autres bateaux : le *Niger* et le *Moleki*, et deux chaloupes : la *Française* et la *Rapide*, cette dernière pour mon service d'inspection.

Campagne de 1883

Le 5 juillet 1883, je repartais pour la troisième fois par Liverpool, et le 3 août, je reprenais mon service dans le fleuve.

A ce moment, notre petite flotille se composait : du *Noupé*, 120 tonneaux ; du *Niger*, 200 tonneaux ; du *Moleki*, 200 tonneaux ; de la *Française*, 8 tonneaux ; de la *Rapide* (pour l'inspection) et du *Chaland*, 40 tonneaux ; en tout 568 tonneaux.

A peine arrivé à Brass-River, j'ai convoqué tous les chefs indigènes du pays, pour signer ensemble le traité suivant, qui leur avait été communiqué, qu'ils avaient parfaitement accepté, mais qu'ils ont refusé de signer à la suite des menaces de tout le personnel anglais, même des commerçants dont les intérêts cependant leur conseillaient d'empêcher la Compagnie de Londres de s'emparer des bouches du Niger.

Entre M. Antoine MATTEI, chef de bataillon d'infanterie, chevalier de la Légion d'honneur, agent consulaire de France à Brass-River, d'une part, et les chefs de Brass soussignés (le roi n'étant pas encore nommé), agissant en leur nom, au nom du roi qui sera prochainement élu, et de leurs successeurs, il a été convenu ce qui suit :

Article premier. — Les chefs déclarent placer leur pays, ses dépendances, ainsi que tous leurs sujets, sous la suzeraineté et le protectorat de la France, et s'engagent à ne jamais céder une partie de leur territoire et principalement l'entrée du fleuve ou les confluents des criques, qui conduisent dans l'intérieur, sans le consentement du gouvernement français.

Article 2. — Les chefs de Brass s'engagent à respecter la liberté commerciale dans tout le Delta, entre les indigènes et les blancs, dont les échanges se feront selon les usages établis ; jamais ils ne permettront à aucune nation de prendre possession des bouches du fleuve pour frapper d'impôts les marchandises venant d'Europe ou les produits du pays provenant de l'intérieur et surtout du fleuve.

Article 3. — Les chefs s'engagent également à préserver de tout pillage les bâtiments qui feraient naufrage dans la rivière et à prêter leur concours pour sauver les personnes et les marchandises.

Article 4. — Les chefs et les habitants resteront libres de vendre ou de louer des terrains aux commerçants qui viendront s'établir à Brass, quelle que soit leur nationalité. Il est de leur intérêt de donner la plus grande extension possible au commerce avec les blancs.

Article 5. — Dans aucun cas, les chefs ne pourront suspendre les transactions commerciales, ni empêcher leurs sujets de venir demander du travail dans les factoreries des blancs, ou y vendre leurs denrées.

Article 6. — En cas de contestation entre un sujet de Brass et un blanc, le différend sera jugé par M. le Consul de France à Brass, si le sujet est Français, et par M. le Consul d'Angleterre, si le sujet est Anglais.

Article 7. — Les chefs de Brass rendront justice aux réclamations des blancs qui seront faites par l'intermédiaire des consuls ou de leurs représentants.

Article 8. — Les chefs cèdent au gouvernement français un kilomètre de terrain à partir de la nouvelle factorerie française de l'Afrique équatoriale et en remontant la rivière sur cinq cents mètres de profondeur.

Le gouvernement français pourra y établir telle construction qu'il lui plaira et seul y arborer le pavillon français.

Article 9. — Les habitants de Brass, s'étant volontairement placés sous la protection de la France pour garder leur indépendance, ne pourront plus passer de traités d'aucun genre, avec n'importe quelle puissance, sans l'autorisation du gouvernement français.

Le présent traité prendra date à partir d'aujourd'hui.

Brass, le 9 août 1883.

Je sais qu'aujourd'hui les chefs, les naturels et même les commerçants anglais, regrettent amèrement de n'avoir pas suivi mes conseils.

Le commerce n'est plus possible que pour la Compagnie royale, qui a sa douane, ses soldats et tous ses fonctionnaires qu'elle paye elle-même.

Cette Compagnie commerciale procède au Niger, en ce moment, comme procéda la Compagnie des Indes à son début. Tout le monde sait que l'empire des Indes commença par un comptoir ; il en sera de même pour l'empire du Soudan qui se forme en ce moment.

Cet échec me contraria vivement et je dus chercher d'autres compensations ailleurs.

M'étant informé de l'itinéraire que suivaient les caravanes qui portaient l'ivoire à Loko et à Egga, j'appris qu'elles passaient la Bénoué à Ibi et Outché-bou-hou, à douze heures de cheval de Wukari (deux cent quatre-vingt-cinq milles du confluent de la Bénoué). Je fis charger le *Noupé* de marchandises (perles, tissus, soieries, poudre, fusils à pierre, cauris(1), faïence, marmites en fer, glaces, gin, rhum, barres de fer et de cuivre, etc.), et après cinquante-sept heures de navigation, nous prenions position à Outché-bou-hou et Ibi, par des traités qui ont été envoyés à M. le Ministre des Affaires étrangères.

M. Viard, ancien employé de la Compagnie française, dans un ouvrage qu'il a fait paraître, a prétendu être allé à Ibi. Je l'ai rappelé à la réalité en écrivant, à la date du 17 novembre 1886, une lettre à la Société de Géographie qui est restée sans réponse. C'est nous qui avons pris position à Ibi, où les blancs n'avaient jamais pénétré. Seul, le docteur Baïkie y était passé avec la *Pléide*, en 1854, mais sans s'y arrêter. Cette occupation a eu un grand retentissement dans la colonie et M. Mac-Intoche ne voulait pas y croire.

Dans le Niger, me prévalant des promesses que le roi

---

(1) *Cauris*, c'est-à-dire coquillages qui servent de monnaie dans le pays ; nous verrons leur valeur à la partie commerciale.

avait faites au mois de septembre, je fis charger le steamer *Moleki,* auquel les directeurs avaient donné ce nom pour la circonstance, et allai résolument prendre position à Chonga, grand point commercial.

La cité s'élève presque en face des ruines de Rabba, l'ancienne capitale du royaume de Noupé, qui a été détruite par les Foulahs, mais qui renaît de ses cendres ! C'est une petite ville fortifiée, dans le genre de Bida; nous en parlerons plus loin.

Nous avons loué dans cette localité plusieurs maisons pour y placer nos marchandises de traite; le plan d'une factorerie-forteresse fut tracé sur un plateau élevé; on tira trois salves de coups de canon en hissant le pavillon français sur le terrain, puis je partis pour Bida, le 3 septembre.

Moleki m'accueillit fort mal.

« — Dans ton pays, me dit-il, lorsque tu veux entrer dans une maison qui n'est pas la tienne, tu frappes à la porte ?

« — Oui !

« — Et tu attends qu'on te dise : entrez.

« — Oui !

« — Eh ! bien, tu es entré chez moi sans frapper. »

Je lui répondis que je croyais que les rois n'avaient qu'une parole et qu'il m'avait donné la sienne. Il me répliqua avec colère qu'il était maître de changer de parole tant que cela lui plairait. Je savais, en effet, que son illustre père, le roi Massaba, répondit à un blanc qui invoquait la parole donnée :

« Quand je mets le pied à l'étrier, j'ai une parole ; quand j'enfourche mon cheval, j'ai une autre parole, et lorsque je suis en selle, j'ai encore une autre parole. »

Je lui répondis que j'avais des cadeaux à lui remettre de la part du Gouvernement et beaucoup d'autres de la Compagnie Française.

Ce dernier argument devait être irrésistible ; la figure de l'avide monarque se réjouit et j'en fus quitte pour une amende de deux cents pièces de tissus. Chonga devint la plus belle factorerie du Niger... Elle devait, hélas ! devenir anglaise.

Moleki eut la munificence de m'envoyer une copieuse diffa, composée de bouillie à la tortue, assaisonnée à l'huile de palme, un mouton, de la volaille, du lait et des œufs frais.

Le lendemain, il m'a confié qu'il allait porter la guerre à Kouka, sur le lac Tchad ; or, comme M. Mac-Intoche m'avait dit, quelque temps auparavant, que son objectif était le lac Tchad, par la Bénoué, il est à supposer que cette guerre, si elle a lieu, sera dirigée par les Anglais, dans le but de s'étendre jusqu'au lac Tchad.

Le 12 septembre, j'ai quitté Bida pour me rendre à Chonga. Je priai le roi de me donner un guide, il me répondit :

« — Tu peux partir. Quand tu seras près d'arriver, tu tourneras la tête et tu verras le guide derrière toi. »

Je l'attends encore ! Moleki est comme son père, il a plusieurs paroles.

Les eaux du Niger et de la Bénoué, en cette année 1883, baissèrent prématurément et si brusquement, que plusieurs navires se trouvèrent échoués du soir au matin.

Les Anglais eurent le *Massaba* et le *prince Alexandre*, la Compagnie du Sénégal le steamer *Haussa*, et la Compagnie française équatoriale, le *Noupé* et le *Moleki*.

Ces navires, échoués en novembre, ne pouvaient être renfloués qu'en juin, par la crue des eaux.

Ce fut une grande perte pour les intérêts de tous, mais principalement pour la Compagnie Equatoriale, dont le capital était relativement faible.

Le 7 décembre, je me suis embarqué pour la France, malade, plein de soucis, de tristesse et de découragement.

Des officiers et des personnages anglais marquants parcouraient le pays, en mission, pour entretenir la confiance des commerçants, en sorte que je me trouvais petit, auprès de mes puissants concurrents.

LE ROI MOLEKI, Successeur d'Amourou, et ses Ministres.

Comme agent consulaire, je n'ai jamais reçu d'instructions ni de la marine, ni du ministère des affaires étrangères. Enfin, un de mes steamers (qui heureusement était assuré), *Adamaoua*, s'était perdu dans le fleuve, à la suite d'une collision; et la factorerie de Loko avait été brûlée en nous occasionnant une perte d'environ 70,000 francs de marchandises.

C'est dans ces dispositions d'esprit que je suis rentré à Paris le 12 janvier 1884, avec l'intention de ne plus retourner au Niger.

A peine arrivé, j'ai demandé un successeur au Conseil d'administration.

Les directeurs, le Président et le Conseil tout entier, résolurent de continuer la lutte et de porter le capital à 3,000,000 de francs; de commander encore deux grandes chaloupes à vapeur, pouvant porter des marchandises; d'augmenter le personnel européen et de me donner un officier de marine pour adjoint.

Cet élan patriotique dans l'intérêt de notre commerce, fait le plus grand honneur à ces messieurs; il me fit oublier mes misères et mes ennuis et un rayon d'espérance fit battre mon cœur. Je consentis à entreprendre une nouvelle campagne.

Campagne de 1884-1885

Je repartis pour la quatrième fois le 13 mai 1884.

En arrivant à Brass (le 6 juin), j'appris par la rumeur publique, que la Compagnie française du Sénégal était en pourparlers pour vendre tous ses comptoirs aux Anglais.

Cette mauvaise nouvelle, jointe au refus des cadeaux officiels, au moment de mon départ de Paris, n'augurait rien de bon. L'horizon de mes espérances commençait à s'assombrir; mais je préférais croire que ces bruits n'avaient aucun fondement, qu'ils étaient mis en circulation par les Anglais, dans le but de nous décourager.

Le 21 juin, M. le capitaine de frégate Estève, agent général adjoint, revenant d'Ibi, m'annonça qu'en passant à Onitcha, il avait appris que la Compagnie du Sénégal s'apprêtait à vendre le comptoir aux Anglais. La nouvelle n'était malheureusement que trop vraie.

Le 6 octobre, me trouvant en inspection à Chonga où je prenais mes dispositions pour pousser jusqu'à Badjebo, je reçus officiellement de la direction de Paris des instructions pour une fusion entre la Compagnie anglaise et la nôtre.

Cette douloureuse nouvelle m'attristait d'autant plus qu'à travers les lignes de ces instructions, je voyais clairement qu'il s'agissait purement et simplement de céder ou vendre tout notre matériel nautique et terrestre aux Anglais, dans la Compagnie desquels les actionnaires français prendraient des actions.

De tous les côtés, les rois, les chefs, les riches et les pauvres venaient en masse me supplier de ne pas partir, me promettant d'apporter tous leurs produits dans les factoreries françaises.

Que des messages secrets n'ai-je pas reçus du roi Moleki, qui ne s'est donné aux Anglais que parce que nous n'avons pas voulu de lui !

Au mois d'avril 1885 (mais administrativement à la date du 31 décembre 1884), tous nos navires, tous nos comptoirs, toutes nos marchandises passèrent à la Compagnie anglaise qui prit le nom de Compagnie Royale.

Tous les employés français rentrèrent avec moi en France, navrés d'avoir vu tomber le pavillon commercial français et d'abandonner nos chers morts.

L'abandon du Niger par les Français a eu pour première conséquence d'amener les membres de la Conférence de Berlin, à livrer aux Anglais les bouches du Niger jusqu'à Lokodja.

En même temps, M. Mac-Intoche, nommé consul pour la circonstance, passait un traité avec Moleki et l'affiche suivante était placardée dans toutes les factoreries du Niger et de la Bénoué :

Le roi du Noupé est placé sous le protectorat de Sa Majesté la reine d'Angleterre. Nul ne pourra s'établir dans le royaume du Noupé pour y faire du commerce, sans l'autorisation du représentant de Sa Majesté Britannique.

3 avril 1885.

Par ce traité les Anglais devenaient maîtres du Niger, depuis la mer jusqu'au-dessus de Rabba (ancienne capitale du Noupé).

Depuis, ils ont acheté au roi de Gando, plus puissant que Moleki et dont les Etats confinent au Noupé et au Niger, deux bandes de terrain, longeant les deux rives du fleuve, dans la direction de Yaurie, Boussa et Tombouctou. Ils construiront une voie ferrée d'une cinquantaine de kilomètres, parallèle au cours du fleuve, de manière à dépasser les rapides, transporteront leurs chaloupes démontables au delà de la dernière cataracte, où le fleuve, s'ouvrant de nouveau à la navigation, leur permettra de continuer leur marche en avant, jusqu'à Kabara, port de Tombouctou.

Dans la Bénoué, ils sont à Yola et on les verra bientôt à Kouka (1).

(1) Le récent traité Anglo-Français n'autorise pas les Anglais à dépasser Say, sur le Niger; mais cela leur importe peu. Ne sont-ils pas les mieux partagés du monde?

TYPES DIVERS

KOUKAOUA OU KANKÉ.

GAMBARI, AUTRE TYPE DE HAOUSSA

Le Gambari, de l'État du Haoussa ou Haoussaoua, est tatoué de trois lignes horizontales de chaque côté de la bouche. Les femmes sont couvertes de tatouages bizarres.

FOULAH OU AGOUÉ.

AUTRE TYPE DU YORUBA.

AUTRE TYPE DU NOUPÉ OU TAQUOI

TYPES DIVERS

Koukaona. — Yoruba. — Haoussa. — Noupé ou Taquoi. — Foulah.

CHAPITRE VI

Habitants du Delta du Niger

Tout le monde sait que les nègres se divisent en un grand nombre de races et de familles, telles que : Yolof, Mandings, Foulahs, Haoussa, Bornous, etc. On connait à peu près leur origine. Mais les noirs du delta du Niger ne ressemblent ni physiquement, ni moralement, aux nègres de la Nigritie.

On y rencontre tous les types et toutes les couleurs. Ces populations doivent être le résultat d'alliances diverses entre vainqueurs et vaincus, maîtres et esclaves. C'est un assemblage d'êtres hétéroclites répandus le long des rives du grand fleuve, où ils vivent par petits groupes constamment en guerre les uns contre les autres. Ils sont cannibales, cruels, pillards, hostiles aux blancs et rebelles à toute civilisation.

Il n'y a guère qu'à Brass, où ces sauvages commencent à accepter les bienfaits de la civilisation, grâce aux efforts des missionnaires et aux relations commerciales que les naturels ont établies avec les Européens ; mais, dans tout le delta, le langage, les mœurs, les habitudes, les penchants et les coutumes religieuses varient souvent d'un village à l'autre.

On remarque auprès de leurs huttes, construites en terre battue et recouvertes de feuilles de palmier, de débris de poteries, des fétiches protecteurs, tels que : têtes d'hippopotames, dents de caïmans, cauris suspendus à un arbre et d'autres plus grotesques encore et auxquels ils prêtent une puissance divine.

On voit aussi des instruments de musique baroques, tels que : guitares, cors en ivoire, idoles fantastiques, etc.

Les hommes et les femmes sont à peine vêtus d'un misérable chiffon, qu'ils portent en guise de pagne, tandis que les enfants courent tout nus le long des rives, en évitant de trop s'éloigner, car ils seraient enlevés et mangés sans rémission par leurs voisins.

Ils portent des amulettes au cou, aux poignets ou aux jambes ; ils ne sont propres à aucun travail, pas même à celui de la culture ; ils ne vivent que de bananes, de fruits sauvages, de poissons fumés, de quelques ignames qu'ils accommodent avec de l'huile de palme et assaisonnent avec de la potasse et des herbes du pays.

La justice est rendue par l'épreuve du poison ; l'accusé succombe toujours, à moins que ses ressources ne lui permettent d'acheter le grand-prêtre, qui alors diminue la dose.

Chaque village a son roi élu par le peuple et pris généralement parmi les familles importantes ou parmi les grands chefs qui se sont signalés par leur courage. Il faut ajouter aussi que les sorciers ont voix au chapitre.

Des écrivains ont prétendu que, dans le Bas-Niger, le pouvoir des rois était illimité, qu'ils avaient le droit de vie et de mort sur leurs sujets. Ce n'est pas exact.

Le pouvoir de ces petits potentats sauvages a des limites et ils sont tenus eux-mêmes à l'observation de certaines lois autrement plus sévères que celles qui règlent les pouvoirs des rois mahométans du moyen Niger. Nous

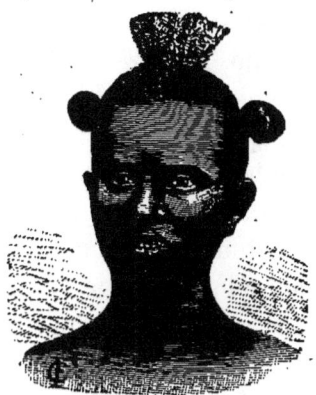

COIFFURE DE JEUNE FILLE D'ABO (Bas-Niger).

COIFFURE DES HOMMES D'ABO.

nous sommes souvent demandé comment il se faisait que ces malheureuses populations du delta, qui se trouvent près de la mer et qui devraient être par conséquent plus civilisées que celles de l'intérieur, sont au contraire plus sauvages.

A mon avis, cet état de dégradation est dû à la configuration du sol, qui rend le pays malsain à tel point que les animaux eux-mêmes le fuient. Il n'y a, en effet, dans le delta du Niger, ni quadrupèdes, ni oiseaux, et comme végétation, il n'y a que le triste palétuvier.

Abo termine le delta; c'est un gros village situé sur la rive droite, à 5° de latitude nord et à soixante-quinze milles de la mer. Le roi actuel se nomme Omègue; son territoire n'est pas très vaste; une partie du village s'étend sur la rive gauche où, pendant un certain temps, nous avons conservé la factorerie française créée par M. de Sémellé; mais, comme il était difficile d'accoster, je l'ai transférée sur la rive droite en 1884.

La langue est l'ibo; le roi est un jeune homme qu'on a cherché à empoisonner et qui, depuis qu'il a absorbé du poison, est dans un état de santé déplorable. Ce n'est plus qu'un squelette couvert de clous et de pustules, un vrai lépreux.

Les habitants sont moins sauvages que dans le delta et se sont habitués un peu au commerce avec les blancs. Il ne faut cependant pas trop s'y fier; les mœurs et les coutumes sont à peu près semblables à celles d'Onitcha, dont je parle ci-dessous, mais pour donner une idée du rite cruel de leur fétichisme, il me suffira de raconter la coutume suivante :

Il existe au milieu de la rivière, en face d'Abo, un roc, le premier que l'on rencontre quand on arrive de Brass. Le roi sacrifiait à ce rocher, tous les ans, une jeune fille, que l'on exécutait sur le roc même. Ce sont les missionnaires qui obtinrent l'abolition de cette cruelle coutume, il n'y a pas bien longtemps.

Le roi d'Onitcha, dont la cité est sur la rive gauche, à

cent quatorze milles de la mer et à trois milles dans l'intérieur (environ quatorze mille habitants), est confiné dans ses cases d'où il ne peut sortir sous peine de mort, ou à condition de donner, en forme d'amende, un ou plusieurs de ses esclaves, pour être exécutés en sa présence. Comme la richesse, dans le pays, se mesure au nombre des esclaves que l'on possède, le roi se garde bien de sortir.

La loi le lui permet cependant le jour de la fête des ignames, qui a lieu une fois par an ; ce jour-là, il est tenu de danser devant son peuple, rassemblé sur la place de son palais, avec un énorme poids sur le dos (généralement un sac rempli de terre), afin de démontrer à tous qu'il est encore capable de supporter le poids du pouvoir. S'il ne pouvait pas remplir cette obligation, il serait immédiatement déchu et peut-être même lapidé.

Le signe caractéristique des femmes d'Abo est un trait vertical, sur la joue, à partir du milieu du nez jusqu'à la lèvre supérieure.

Les tatouages des hommes d'Abo sont exactement pareils à ceux du Noupé ou Taquoi, conséquence probable de l'esclavage, car chaque pays a sa marque particulière, qui est, pour ainsi dire, son blason national.

Nos missionnaires arriveront certainement, petit à petit, à faire disparaître ces sauvages coutumes.

Pour aller voir le roi d'Onitcha, il faut le faire prévenir et lui demander son heure, se faire accompagner par un interprète parlant le français et la langue du pays, l'ibo ou l'iagara. Il est plus facile de trouver à Onitcha des interprètes parlant l'anglais et l'iagara que le français ; il est presque indispensable de connaître l'anglais pour voyager dans le Niger et à la côte occidentale d'Afrique.

Lorsqu'on arrive chez le roi, on est reçu par un garçon de treize à quatorze ans, tout nu ; la loi l'oblige à rester nu tant qu'il servira le roi à qui il sert de cuisinier, de valet de chambre, de messager et de chambellan. Cet enfant salue, comme tout le peuple du reste, en montrant le poing droit fermé, le bras ployé, le coude le long du corps et en faisant

BAIE D'ONITCHA SUR LE NIGER. — La ville d'Onitcha est située sur la rive gauche a trois milles dans l'intérieur et a cent quatorze milles de la mer.

NIGER. — Factorerie française a Onitcha.

aller plusieurs fois le poing et l'avant-bras de l'avant à l'arrière. Si l'on n'était pas prévenu, on prendrait certainement ce mouvement pour des menaces.

Après ce salut de bienvenue, le jeune chambellan vous fait entrer dans une cour à ciel ouvert. On y aperçoit au fond, à droite, contre le mur et y attenant, une banquette en terre battue, sur laquelle il y a une peau de panthère et au-dessus, contre la muraille, un rideau de soie rouge. C'est le trône du roi Enézéonou, sur lequel les visiteurs n'ont pas le droit de s'asseoir, sous peine du crime de lèse-majesté. On leur offre, comme sièges, de simples caisses vides, de couleur verte, qui servent au transport du gin en bouteilles, dont on fait une consommation extraordinaire à la côte, et que Sa Majesté préfère au vin de palme, à tel point, qu'il s'enivre au moins une fois par vingt-quatre heures.

Le roi fait faire antichambre une demi-heure, non parce que ses occupations le retiennent, mais parce qu'il veut marquer sa souveraineté.

Au bout d'une demi-heure, une petite porte qui touche au trône et qu'on ne peut franchir qu'en se courbant en deux, s'ouvre avec fracas et on voit apparaître un énergumène qui, sans regarder personne dans l'assemblée, entre comme un fou furieux et va s'asseoir sur sa peau de tigre. C'est le roi !

Voici son fidèle portrait :

Taille au-dessus de la moyenne, parfaitement fait de corps. Age, trente-cinq à quarante ans. La couleur de sa peau est d'un noir peu foncé. Le crâne comprimé, le front déprimé, le nez légèrement épaté, les pommettes saillantes, les lèvres assez épaisses, les joues sont tatouées de trois lignes horizontales et parallèles de chaque côté du nez, les cheveux crépus, visage imberbe.

Sur la tête, il porte tantôt un chéchia rouge avec un gland bleu, et tantôt un énorme chapeau de paille tout emplumé.

Le buste est nu. Un grand pagne en soie de couleur, le plus souvent écarlate, est noué autour de la ceinture et tombe un peu au-dessous des genoux. La chaussure est inconnue.

Au cou, un collier de corail.

Aux chevilles, deux anneaux en étoffe rouge sur lesquels on a cousu trois petits grelots qui annoncent la marche royale.

Au second doigt du pied gauche, il porte un petit anneau en cuivre, provenant de quelque rideau de navire, car ce n'est pas un article de commerce à Onitcha.

En guise de sceptre, il tient à la main un gros bâton de soixante centimètres de longueur au bout duquel est fixée une sonnette absolument semblable à celles que l'on met au cou des vaches dans nos champs, et à l'autre extrémité une queue de cheval, chose extrêmement rare dans le pays, car le cheval n'existe pas. Tel est le roi Enézéonou qui sort de sa case pour se jeter sur un trône absolument comme un de ces diables à ressorts renfermés dans des boîtes à surprises que l'on donne aux enfants le 1er janvier.

A peine le roi a-t-il fait sa stupéfiante apparition que, par une autre porte, arrivent quatre femmes et six hommes. Ils se prosternent devant le roi et barbotent dans la poussière dont ils se couvrent le visage et la chevelure.

Enézéonou, d'une voix de gorille, prononce quelques mots en iagara, qui mettent un terme à cette scène grotesque.

Sur l'ordre du Souverain, tous ces lèche-poussière secouent leurs têtes de paillasses, et vont s'accroupir en face de ma petite escorte, composée de mon enterprète et de mon secrétaire noirs. Quant à moi, je restais assis sur ma pauvre caisse de gin, me demandant pourquoi le roi ne m'avait pas salué, ne m'avait pas adressé la parole et n'avait même pas daigné me regarder.

Au bout d'un instant, un homme qui paraissait être dressé entre précipitamment et va parler à l'oreille du roi ; celui-ci, se tournant brusquement de mon côté, comme s'il ne m'avait pas encore aperçu, me lance un regard que l'on croirait menaçant, me montre ses deux poings fermés qu'il

LE ROI, LES CHEFS D'ONITCHA ET LEURS PETITS ESCLAVES.

NIGER. — Chef d'Onitcha.

fait aller à l'instar de son messager avec une vivacité vertigineuse. M. Romaine, mon agent d'Onitcha, qui me servait d'interprète, me dit de lui rendre son salut avec la même pantomime. Je place mon agenda sur mes genoux, et rappelant à moi mes souvenirs de collège, sur la gymnastique, je me livre à ce nouveau genre de salutations, avec au moins autant d'adresse que mon roi.

Je commençais à être fatigué de ce genre d'exercice, j'allais même m'arrêter, lorsque Enézéonou se livre à un deuxième mouvement plus excentrique encore que le premier. Avec les deux mains ouvertes, il se frappe les côtes plusieurs fois de suite à se les enfoncer, puis il ferme les poings et me les met sous le nez, en sorte qu'au lieu de me reposer, je me vois contraint de singer le roi, non sans songer aux vicissitudes de la courtisanerie !

Enfin, au bout de quelques secondes, mon supplice prit fin et il me fit offrir à boire du vin de palme ; le chambellan but le premier, puis le roi et enfin moi et ma suite. Dans ce pays l'amphitryon boit et mange toujours le premier, pour prouver que les mets ne sont pas empoisonnés *et c'est pour ce motif que son cuisinier est nu.*

Nous passâmes ensuite à la conversation.

« — Tu viens, me dit-il, remplacer M. le comte de Sémellé ; j'ai appris avec peine sa mort, parce qu'il m'a fait beaucoup de cadeaux. J'ai entendu dire que, toi aussi, tu allais me donner beaucoup de choses ; je te recommande surtout le gin, le rhum et puis des bouteilles qui font : boum ! (vin de Champagne).

« Lorsque tu m'enverras du rhum, fais en sorte que ce soit dans des dames-jeannes comme ça ; et le roi étendant ses deux bras de toute leur longueur, décrivait dans l'espace une immense circonférence, image de son idéale dame-jeanne, qu'il aurait fallu fondre exprès pour lui, puisqu'il n'en existe pas d'un semblable volume.

« Les Anglais sont méchants, ajouta-t-il, ils ont tiré des coups de canon dans mon village, ils ont tout saccagé, je ne veux plus qu'ils viennent dans mon pays; j'aime les Français, je l'ai dit à M. de Sémellé, je le dis à toi, installez-vous ici comme chez vous.

« Je te recommande une chose, ajouta-t-il, si mes esclaves se sauvent chez toi, tu me les rendras.

« — A une condition, lui répondis-je, c'est que tu les traiteras bien, que tu ne les frapperas pas et que tu n'en tueras jamais un seul. A cette condition nous serons bons amis et je te donnerai tous les ans des cadeaux. »

L'année suivante, en effet, M. Desprez, le directeur de la Compagnie, me donna pour le roi un drapeau tricolore dont la hampe, en cuivre doré, comportait une cinquantaine de grelots et une superbe queue de cheval tricolore.

Lorsque je remis ce drapeau au roi, avec d'autres cadeaux dont quelques bouteilles qui faisaient boum! et quatre grosses dames-jeannes de rhum, Enézéonou a failli s'enfoncer les côtes en signe de salutations. Ne mettant plus de bornes à l'expression de son contentement, ce jour-là, il est sorti de sa demeure pour m'accompagner et, si son jeune chambellan ne l'avait pas pris par les jambes et que je ne me fusse moi-même arrêté, le roi aurait franchi les limites de son domaine et se serait exposé aux plus graves conséquences.

Toutes ses femmes, ses amis et serviteurs ont dû accourir pour l'empêcher d'enfreindre la loi sacrée.

La liste civile du roi d'Onitcha, d'Abo et de tous les rois du Bas-Niger se compose de cadeaux que les chefs et le peuple lui font annuellement. Ils consistent en esclaves, ignames, maïs, vin de palme, poissons fumés, moutons, volailles, etc. Chacun donne, selon sa fortune, des productions du pays.

Le roi, les chefs et les habitants d'Onitcha n'ont jamais pardonné aux Anglais le bombardement dont ils ont été victimes en 1881, deux mois environ avant mon arrivée. Ils avaient tous juré que jamais les Anglais ne remettraient les pieds chez eux; mais le capitaine Mac-Intoche, le

NIGER. — Femme civilisée d'Onitcha.

(Les femmes d'Onitcha ne portent qu'un pagne qui descend à mi-jambe et qui est noué autour des reins; celle-ci est civilisée.)

NIGER. — ONITCHA. — OPUTA, ROI D'ABOKEN, ET SES PETITS ESCLAVES.
(Ce petit roitelet vit dans ses terres aux environs d'Onitcha, il est tout à fait indépendant.)

lecteur le connaît déjà, a tant et si bien fait, qu'en 1882, ils sont revenus dans leur ancienne factorerie.

Le commerce est bien libre dans le Niger et la Bénoué, d'après le traité de Berlin ; mais la royale Compagnie, celle qui nous a supplantés, étant maîtresse des embouchures du fleuve, frappe de droits de douane tous les commerçants, et les droits sont tels, qu'il est préférable de ne pas y aller.

Mais revenons aux habitants du Bas-Niger, à leurs mœurs et à leurs coutumes.

Des écrivains ont prétendu que les mariages se faisaient en grande solennité dans ces pays. Ce n'est pas exact. La cérémonie est des plus simples et on ne danse que fort rarement.

Pour ce qui est des funérailles, lorsqu'un grand personnage meurt, on danse pendant plusieurs jours, le canon tonne et on sacrifie quelques esclaves que l'on enterre avec le mort.

Les membres d'une même famille sont enterrés dans leurs cases respectives, et les esclaves, le long des chemins.

A Wari-Creek, près d'Abo, les Anglais ont commis l'imprudence de fonder une factorerie. Les indigènes, au bout de peu de temps, ont massacré l'agent, le commis, le tonnelier et le charpentier, c'est-à-dire tout le personnel de ce poste. Ces malheureux ont été mangés dans un grand festival, auquel prirent part tous les habitants du village, y compris le grand prêtre.

Au village de Beaufort-Isle, il m'arriva ce qui suit, le 10 août 1881, lors de ma première campagne dans le Niger:

Un de mes agents était parti de Loko (Bénoué), avec une grande pirogue chargée d'ivoire à destination de Brass. En passant à Igbébé, il engagea quatre rameurs du pays, afin d'aller plus vite ; malheureusement, les habitants d'Igbébé étaient en guerre avec ceux de Beaufort-Isle ; les rameurs furent reconnus et arrêtés, malgré les protestations de l'agent qui invoquait le respect du pavillon français.

Comme ces quatre hommes allaient être mis à mort et

mangés, l'agent dut laisser quatre des plus belles défenses d'ivoire pour sauver la vie de ses rameurs.

Je partis immédiatement de Brass avec le bateau *Adamaoua*, afin de demander compte au roi de sa conduite; mais à peine avais-je mis pied à terre avec mon jeune neveu et quelques hommes, parmi lesquels le capitaine noir Palmers qui commandait le navire, que nous fûmes entourés par des centaines de sauvages armés de flèches, de haches et de lances. On nous conduisit dans les cases du roi qui était absent ou qui ne voulait pas nous recevoir ; mais un de ses chefs prit la parole et me dit que cette prise était de bonne guerre et qu'on ne rendait jamais les prisonniers sans rançon. Tous mes raisonnements ne firent qu'irriter ces forcenés qui n'attendaient qu'une occasion pour nous faire un mauvais parti. Le capitaine Palmers me dit qu'il était temps de gagner notre bateau. En effet, le nombre des habitants augmentait et leur attitude devenait de plus en plus menaçante. Je dus dire au chef que je reviendrais le lendemain parler au roi. Nous eûmes toutes les peines du monde à remonter à bord.

Ce n'est que grâce à l'intervention de Méhou, le gouverneur de Lokodja, ami du roi de Beaufort-Isle, que j'ai pu obtenir la restitution de l'ivoire, moyennant un faible cadeau de poudre et de rhum.

Depuis, les Anglais ont eu trois agents blancs massacrés par ces populations pour des faits à peu près semblables.

A Igbébé, sur la rive gauche de la Bénoué, le roi a toujours auprès de lui une jeune fille esclave, que l'on désigne sous le nom de Fille de Dieu du Roi, et dont le sort est d'être sacrifiée sur la tombe du monarque fétichiste, le jour de l'enterrement.

On racontait à Igbébé, et je crois l'avoir écrit à la Société de Géographie, que la Fille de Dieu du Roi vivait heureuse et contente du sort qui l'attendait.

Or, il est advenu que le sire Akaïa est trépassé l'année suivante et il s'est trouvé que la jeune fille a préféré survivre à son maître ! Grâce aux missionnaires et au futur roi,

Mehou, représentant du Nupé a Lokodja. — Thomas, natif de Sierra-Leone. — Trois naturels de la ville d'Igbébé.

nommé Atabigui, auquel je donnai quelques cadeaux, nous parvînmes à sauver la jeune fille.

Le roi Akaïa paraissait âgé de soixante ans ; il avait une haute taille, des épaules larges, une physionomie ouverte et empreinte de bienveillance ; il était paralysé du côté droit; il a laissé en mourant soixante-dix femmes et vingt-cinq enfants.

Il y a un méandre du Niger qui prend naissance en aval d'Idda (7° de latitude nord) et qui débouche à Onitcha. En remontant ce cours d'eau, on trouve un village du nom d'Egga-Mambara, où j'ai fondé un comptoir.

Le roi de ce pays porte le titre de roi de la rivière; c'est lui qui a tué le plus d'ennemis au combat ou qui a terrassé le plus d'animaux féroces ; l'homme qui tue une panthère ou un caïman, a le droit de porter un anneau de ficelle à la cheville. A la deuxième action de bravoure, il en obtient deux, puis trois, puis quatre, et ainsi de suite. C'est ainsi qu'on s'élève et qu'on devient chef et roi.

Les femmes, à Egga-Mambara, portent aux chevilles, non pas des anneaux comme à Abo et Onitcha, mais de vrais plats en cuivre d'environ trente centimètres de diamètre, ce qui les oblige à marcher les jambes écartées, et lorsqu'elles sont couchées, leurs pieds ne touchent pas terre.

Les femmes portent les cheveux courts et frisés. Elles n'ont qu'un pagne passé autour du corps, un peu plus long que celui des hommes. Dans certains villages, elles se rasent la tête d'une manière bizarre ; tantôt elles se font une énorme tonsure laissant une mèche assez longue au sommet de la tête, de manière à ce que les cheveux qu'elle laisse autour du crâne forment une couronne ; tantôt elles se les rasent comme les musulmans, ne laissant qu'une queue de quelques centimètres au sommet de la tête. Enfin elles fument.

Nous voici à Lokodja, ville située sur la rive droite du Niger en face du confluent de la Bénoué. Le sol change d'aspect et de nature ; la végétation est plus luxuriante, plus variée, plus gaie ; on entend le gazouillement des oiseaux.

Ce contraste dans la nature du sol, du climat et de la végétation est encore plus frappant chez l'homme.

Le burnous et le turban du prophète font leur apparition. Au lever et au coucher du soleil, on voit les fidèles prier comme les Arabes de l'Algérie. Nous sommes à la frontière de l'Etat du Noupé, fondé par le croissant triomphant.

Les Français sont très aimés à Lokodja ; on nous appelle : Agouda.

Toutes les fois que nous y débarquions, les jeunes filles venaient en masse nous souhaiter la bienvenue et se livrer à des danses macabres, en chantant des chansons dont le refrain finissait toujours par : *Agouda oua ! Agouda oua !* ce qui veut dire : nous sommes soumises aux Français, soyez les bienvenus.

La ville occupe une position très heureuse au point de vue commercial, non pas à cause du mouvement des échanges, car il est très restreint, mais par sa position géographique qui permet d'approvisionner de bois et de vivres à bon marché, les steamers qui sillonnent le Niger et la Bénoué.

Nous traiterons de cela dans la partie commerciale.

Le moindre objet, depuis l'ustensile de cuisine jusqu'à la forme de la pirogue, en passant par les nattes, les armes et les tissus, faits au métier par les femmes, tout rappelle l'art oriental, qui tranche brusquement avec ce qu'on vient de voir dans le delta et le Niger inférieur.

On se sent au milieu des Arabes noirs avec bonheur, parce que l'on vient de visiter des brutes.

On se dit : me voilà au milieu d'hommes régis par des lois, plus ou moins bonnes, il est vrai, plus ou moins violées par ceux mêmes qui sont chargés de les faire respecter, mais enfin qui existent et dont on espère bénéficier. Mais on se trompe !

Il est préférable, dans le moyen Niger, d'avoir affaire aux païens qu'aux musulmans.

AUTRE VUE DE LOKODJA.

Avant de pénétrer plus avant dans l'Etat du Noupé, jetons un coup d'œil rapide sur cette province : nous visiterons ensuite en détail les villes les plus importantes.

Les propriétaires du sol, au Noupé, étaient au siècle dernier de vrais nègres de la Nigritie. Ils vivaient paisiblement sous l'autorité de leurs rois qui habitaient alors la grande ville de Rabba, la capitale du royaume.

Vers 1809, le marabout Malou-Daïbo, un Foulah, prêcha l'islamisme.

Sa parole éloquente et imagée enflamma les Foulahs, tous les mécontents et tous les besogneux qui se précipitèrent comme un torrent sur Rabba qu'ils pillèrent et brûlèrent ensuite, traînant en esclavage hommes, femmes et enfants valides.

Osman-Saki, fils du marabout, fut proclamé roi du Noupé, et c'est ainsi que l'aristocratie mahométane se substitua à la monarchie païenne.

A la mort de Osman-Saki, son fils Massaba lui succéda ; il fut un grand conquérant. Il détruisit Gambarou, capitale du Bornou ; son nom est très honoré dans le pays.

A sa mort, son neveu Amourou lui succéda et trois branches royales prirent naissance.

L'élection a lieu par succession, les femmes exceptées. Le roi est pris à tour de rôle dans chaque branche.

Lorsque je suis arrivé pour la première fois à Bida, en 1881, la situation de la hiérarchie dans la famille royale était la suivante :

Amourou régnait.

Moleki, le roi actuel, cousin germain d'Amourou, était *Chaba* (ce mot veut dire dauphin).

Massaba, fils du roi Massaba et cousin germain de Moleki, venait en second lieu sous le titre de *Potou*, c'est-à-dire le deuxième roi à nommer.

Un autre prince qui est mort et dont j'ai oublié le nom, soit X..., portait le titre de *Mamoudou*, c'est-à-dire troisième dauphin.

Par la mort d'Amourou, le Chaba Moleki est monté sur le trône.

Le Potou Massaba est devenu Chaba. Le prince X..., de Mamoudou qu'il était, est devenu *Potou*.

Et un autre prince a été créé *Mamoudou*.

Les choses en sont là aujourd'hui.

Dès que le roi meurt, le Chaba prend le titre de roi ; mais il ne porte la couronne que lorsque le sultan de Sokoto l'a sacré.

Les rois des Etats du Noupé, Gando, Haoussa, Bornou et tous les roitelets qui dépendent d'autres rois plus puissants qu'eux, sont tributaires de l'empereur de Sokoto ; on m'a assuré que le Sultan était tributaire de l'Egypte.

On m'a affirmé aussi que, lorsque le roi part pour la guerre, il se tient à cheval pendant le combat, sur un point élevé d'où il découvre l'ensemble du champ de bataille, et que les princes et les grands chefs l'entourent comme au jeu d'échecs. Tous sont couverts d'un grand manteau en feutre qui enveloppe leurs corps et leurs montures et les met à l'abri des flèches.

Nous avons vu, chez le roi du Noupé, d'immenses boucliers en peau d'éléphant et des carquois remplis de flèches qu'on disait empoisonnées.

Maintenant que nous avons fait connaissance avec le marabout et les premiers rois du Noupé, quittons Lokodja et allons visiter Egga ; nous la trouverons à soixante-quinze milles en amont de Lokodja, sur la rive droite du Niger, au point où le fleuve, changeant brusquement de direction, coule du nord au sud. La population se compose de vingt-cinq à trente mille habitants, presque tous musulmans.

Dans la saison des pluies, la cité est littéralement dans l'eau. On ne peut communiquer d'un quartier à l'autre qu'en pirogue.

Les maisons sont de forme conique comme celles de Lokodja, mais elles sont serrées les unes contre les autres ; les rues n'ont guère qu'un mètre de largeur.

Le grand commerce d'Egga se borne à l'ivoire et au cha-

NIGER. — LE PRINCE CHABA RENDANT LA JUSTICE A SES ADMINISTRÉS, A BIDA.

bota. Il n'y a pas d'huile de palme. L'industrie consiste en vêtements arabes, nattes, chapeaux de paille, calebasses, ustensiles de cuisine et de ménage, des sabres, des flèches, des lances, arcs, boucliers, sellerie, etc.

Le gouverneur de la ville se nomme Rogan ; il est le représentant du roi.

C'est un homme superbe, un beau Foulah, qui porte bien le burnous, mais qui demande toujours des présents.

Un jour, comme je le voyais venir de loin et que je ne voulais pas le recevoir, je lui ai fait dire que je déjeunais.

« — C'est bien, dit-il, j'attendrai ! »

Au bout d'une bonne heure, voyant qu'il ne partait pas, j'ai dû suspendre ma correspondance (car j'étais occupé à écrire et non à déjeuner) et je le fis entrer.

Au lieu de se fâcher, maître Rogan m'a félicité malicieusement de mon grand appétit, en sorte que, cette fois encore, j'ai dû lui accorder une partie de ce qu'il me demandait.

En face d'Egga, sur la rive gauche, au pied d'une jolie montagne boisée, on voit le charmant village de Kypo, où l'évêque anglican Crowther s'est confortablement installé.

En visitant Bida, je comblerai les lacunes que j'ai laissées à dessein, sur les habitants d'Egga, pour éviter les répétitions.

Bida, nous l'avons dit, est la capitale du Noupé ; la ville est entourée d'une muraille en torchis, bastionnée et crénelée, ayant deux mètres cinquante centimètres de hauteur et protégée par un fossé qui a dû être autrefois très profond mais que la végétation a presque comblé. Plusieurs portes donnent accès à la ville qui est un immense *Tata*, ce qui, en langues noupé, haoussa, yourba, etc., veut dire forteresse, casbah, ville fortifiée.

La cité occupe un très grand développement à cause de l'espacement des groupes de cases. On dirait une agglomération de plusieurs villages.

Elle doit avoir environ quatre-vingt mille habitants. Les noirs ne sachant jamais combien ils sont, même dans les plus petits villages ou lorsqu'ils marchent en guerre, je n'ai pas pu obtenir le moindre renseignement sur le nombre des habitants. C'est donc approximativement que je donne des chiffres.

La ville est traversée par la Lauja, petite rivière coulant du sud au nord et allant grossir la Koudouna qui se jette dans le Niger. L'eau de la Lauja est limpide et très potable.

Des écluses ou barrages la divisent dans l'intérieur de la ville, en trois sections. La première est réservée à la population pour la consommation; la seconde sert de lavoir aux femmes, enfin la troisième est destinée aux animaux.

Les maisons sont, comme toutes celles de l'Etat du Noupé et de la Bénoué, de forme conique et recouvertes d'un toit qui se termine en pointe ; les bois de la toiture sont généralement en bambous, sur lesquels on a tressé de la grosse paille de mil, c'est le toit.

Chaque famille possède plusieurs cases et chaque groupe de cases est clos par un mur d'enceinte, percé d'une porte d'entrée en forme de pavillon. Ils font du feu au milieu de leurs cases, dans le but de chasser les moustiques.

Dans chaque enclos il y a des cours, des jardins et des arbres touffus. C'est dans l'intérieur des cours qu'on enterre les morts. Les grands personnages sont enterrés dans les cases mêmes; les esclaves sont inhumés le long des chemins, en dehors de la ville, comme à Onitcha.

Les maisons n'ont qu'une petite porte d'entrée exposée au nord, qu'on ne peut franchir qu'en se courbant.

Les rois, les princes et les gens riches habitent des maisons beaucoup plus spacieuses, en forme de parallélipipède; la toiture, beaucoup plus élevée, beaucoup plus épaisse, se voit de très loin.

Les murs de ces maisons princières ont quelquefois plus d'un mètre d'épaisseur. Au moyen d'excréments de vache délayés dans de l'eau et d'autres ingrédients, les naturels parviennent à donner à ces murs une grande solidité et un poli pareil au marbre. Ils procèdent de même pour les parquets. Les maisons à plusieurs étages sont absolument inconnues dans tout le Soudan.

NIGER. — AUTRE MARCHÉ DANS LA VILLE DE BIDA.

NIGER. — Un marché a Bida (royaume du Noupé).

Bida possède aussi des mosquées moins élevées que les maisons du roi, des princes, et quatre grandes places où se tiennent des marchés ombragés d'arbres épais.

Les voies de communication dans l'intérieur de la ville ne comportent pas de rues ; ce sont des sentiers étroits, tortueux, infects, qui permettent d'aller d'un point à un autre.

Des explorateurs ont raconté que les rues d'Egga, de Bida, étaient propres : c'est à croire qu'ils n'y sont jamais allés, car on ne peut les parcourir sans être réduit à se boucher les narines. Le roi Moleki, auquel j'avais essayé de donner un moyen d'entretenir la ville en état de propreté, m'a répondu, d'assez mauvaise humeur, qu'il avait autre chose à faire de plus sérieux.

Lorsqu'un naturel est assez riche pour se faire bâtir une habitation, il convoque ses amis et connaissances, choisit des hommes de peine s'il veut aller vite en besogne, puis on va prendre la terre dans des trous désignés par l'édilité locale et, au son du tam-tam, des flûtes et autres instruments baroques, on se met à l'ouvrage et, en quelques jours, on arrive à la toiture.

On ne s'imaginerait jamais avec quel entrain les noirs travaillent, lorsque la musique les excite. Sans musique, ils sont d'une indolence et d'une paresse qui fait étrangement mentir le proverbe : « Travailler comme un nègre ! »

Les habitants ont des goûts industriels très prononcés. Ce sont les forgerons qui tiennent la tête de ce mouvement.

Il forgent le fer dont ils font des lances, des flèches, des serrures, des cadenas, des pioches, des haches, des mors, des étriers, des clous, des charnières.

Avec le cuivre il font des lances, des plats, des cuillers, des coupes, des cafetières avec dessins repoussés et ciselés représentant des animaux fantastiques d'un caractère qui rappelle l'art oriental. Ils font même de la bijouterie.

Il est étrange que ces forgerons si habiles ne fassent ni brouette, ni charrue ; l'usage de ces instruments n'est pas connu dans le pays.

Les indigènes tannent les peaux et leur donnent des couleurs voyantes, généralement rouges, bleues, jaunes ou noires (1), avec lesquelles ils fabriquent des selles, des bottes et des souliers arabes brodés en soie, en or ou en argent.

Ils tressent des chapeaux de paille, des nattes ; ils confectionnent des vêtements brodés, des pagnes, et font de la poterie.

Ils fabriquent aussi de la verroterie de diverses couleurs, dont ils font des bracelets, des colliers et des bagues.

Les femmes tissent des étoffes de quarante centimètres de largeur, au moyen de métiers primitifs ; elles lavent le linge, font la cuisine et se livrent aux travaux les plus rudes. Elles se teignent le bord des paupières avec de l'antimoine, se badigeonnent le corps, la figure, avec de l'ocre et se rendent affreuses, alors qu'elles pourraient être passablement jolies.

Les revendeuses parcourent la ville avec leurs paniers sur la tête en criant à tue-tête, comme dans certains quartiers de Paris : A vendre ! à vendre ! telle ou telle chose.

Lorsque deux femmes qui se connaissent se rencontrent, elles s'arrêtent à un mètre de distance ; elles se baissent ou plutôt elles s'assoient sur leurs talons et échangent force compliments. Ces salamalecs ont lieu même quand elles ont de gros fardeaux sur leur tête.

La nourriture des habitants dans le Noupé est très variée ; ils vivent de viande fraîche, de tortues, de poissons frais ou séchés au soleil, de mil, qu'ils broyent, comme les Arabes, entre deux grosses pierres. Ils obtiennent ainsi une farine avec laquelle ils font une bouillie qu'ils assaisonnent d'huile de palme ou de chabota ; ils en font même des gâteaux aux fruits et au miel, mais le kouskous des Arabes leur est inconnu.

Avec cela ils ont du lait, des poules, des canards, des oies, du gibier et tous les fruits des pays tropicaux.

Des explorateurs ont prétendu que, dans le Noupé et no-

---

(1) Ces diverses couleurs proviennent généralement des écorces de bois particuliers. Le rouge est fait avec la graine d'un mil d'une qualité spéciale.

tamment à Bida, presque tous les enfants savent lire et écrire l'arabe.

C'est encore une grande erreur.

Le roi, les princes actuels appelés à lui succéder, les ministres, etc., ne savent ni lire ni écrire.

C'est un *taleb* quelconque, confident du roi, qui lui lit ses lettres et qui y répond.

Il y a bien à Bida quelques écoles, mais on manque de talebs et les enfants qui commencent à lire sont rares. Les rois de Bida, comme ceux du Dahomey, ont leurs amazones; elles sont plus vaillantes et moins cruelles que celles du Dahomey. Nous donnons le portrait de la plus illustre d'entre elles, nommée Mitha ; elle s'est tenue des journées entières sur les champs de bataille, en tête des combattants, au milieu des balles et des flèches empoisonnées, encourageant par des paroles tout le monde à la lutte.

Jusqu'ici, les rois du Noupé n'ont pas permis aux prédicants anglais de s'installer à Bida ; on leur a laissé cependant créer une mission au village de Weninghi, sur la rive droite de la rivière de ce nom, à quelques lieues de la capitale. Mais je doute fort que les cadeaux de Sa Majesté la reine d'Angleterre, la diplomatie de M. le consul Heweth et l'éloquence de l'évêque Crowther arrivent d'ici longtemps à triompher de la défiance musulmane sur cette question. Il pourrait même se faire que les Anglais, qui ont si rapidement marché de l'avant, dans le Niger inférieur, grâce au manque de cohésion parmi les populations noires éprouvent des déceptions dans le Niger moyen.

Il faudra bien compter avec le croissant, le jour où les sultans de Sokoto, de Gando et du Noupé s'apercevront que les opérations commerciales des Anglais, dans leurs Etats, ne sont qu'un prétexte ou plutôt un moyen et que le véritable motif est d'arriver à s'emparer de leur pays. Ce jour-là, les Anglais regretteront peut-être de n'avoir pas voulu marcher d'accord avec nous, comme je le leur ai souvent proposé, d'après les recommandations des directeurs.

Je reconnais volontiers cependant que, s'ils savent tirer parti de la haine des païens subjugués, spoliés et vendus comme de vils troupeaux, par les rois et les princes musulmans, les Anglais arriveront facilement à créer leur empire du Soudan. Mais ce sera la guerre en permanence, à moins de frapper un grand coup et de couvrir le pays de masses énormes de soldats de Haoussa et noirs de la côte conduits par des officiers déterminés, décidés à occuper le pays *et pour toujours.*

Les Anglais feront cela, j'en suis sûr, lorsque le moment psychologique sera venu et, je l'avoue, en me plaçant au point de vue humanitaire, en ne voyant que l'abolition de l'abominable esclavage et le juste châtiment à infliger à ces persécuteurs injustes et cruels, que, pendant quatre ans, j'ai vus à l'œuvre, j'oublie mes ressentiments personnels et je souhaite bonne chance aux Anglais, en regrettant de ne pas voir mon pays à leur place.

Pour donner une idée des affreux procédés qu'emploient les princes musulmans envers les païens soumis à leur domination, je vais citer, au hasard, quelques faits dont j'ai été témoin et que j'aurai l'éternel regret de n'avoir pu empêcher.

Le 28 octobre 1884, me trouvant à Lokodja, je vis arriver vers ma case, près de la factorerie, une foule considérable d'hommes, de femmes et d'enfants pleurant à chaudes larmes, avec force gestes et imprécations.

A leur accoutrement et à l'absence de turban, je reconnus que c'étaient des païens ; ils venaient, levant les bras au ciel, implorer mon secours contre le prince Benou, petit-neveu de Moleki, le plus redouté dans tout le Noupé, par sa cruauté et sa barbarie envers le peuple païen.

A la tête d'une bande de chenapans comme lui, armés jusqu'aux dents, ce brigand avait fait irruption dans Lokodja, s'était jeté dans les maisons de ces malheureux et leur avait enlevé tout ce qu'ils possédaient : moutons, volailles, maïs, riz, mil, tissus, vêtements, etc. Les boucles d'oreilles, les bagues, les bracelets furent arrachés de force aux femmes, avec menace de les emmener en esclavage si elles ne se taisaient. La ville païenne avait été mise à sac.

J'expliquai à ces pauvres gens que je n'étais que l'hôte du roi du Noupé, que je ne pouvais m'immiscer dans les affaires qui ne me regardaient pas, que, cependant, j'irais voir le prince Benou pour tâcher de le rendre moins cruel, mais que j'entendais y aller seul et non à la tête d'eux tous.

Je les engageai à rentrer chez eux, sans manifester, car on aurait pu les traîner en esclavage à Bida.

Je fus en effet chez Benou, qui me reçut en souriant, avec une foule de salamalecs et de poignées de mains, qui me donnèrent froid dans le dos.

Au bout d'un instant de silence, sans dire que j'étais le messager des innocents, j'ai abordé du mieux que j'ai pu, avec une déférence feinte, la juste cause que je venais plaider.

Hélas! mon plaidoyer fut de courte durée!

Benou entra dans une fureur rabique, me disant que ces chiens d'infidèles seraient massacrés sans merci, qu'il agissait par ordre du roi, qu'il fallait bien payer les impôts, etc., etc., que, s'ils n'étaient pas contents, il les mènerait en esclavage à Bida pour y être vendus.

J'ai vite compris qu'il n'y avait rien à faire avec cette brute.

Considérant ma mission comme terminée, j'allais me retirer, lorsque le prince, me mettant la main sur l'épaule, me dit : « Je voudrais acheter dans ta factorerie deux cents fusils et deux cents barils de poudre, que je te payerai l'année prochaine, en ivoire. »

Je lui répondis que cela regardait le chef de la factorerie, c'est-à-dire le comptable, qui était chargé des affaires commerciales et qui était seul responsable ; mais, comme je voyais à sa physionomie qu'il allait avoir un deuxième accès de colère, j'ajoutai : « Je verrai le chef de la factorerie, M. Madéros, et je lui parlerai. Cependant je dois te dire que le commerce est arrêté; les Français vont vendre leurs navires et leurs comptoirs aux Anglais et se retirer. J'ai reçu des ordres à ce sujet ; je crains que l'opération dont tu me parles, ne puisse se faire. Je verrai. »

Une heure après, Benou était à la factorerie avec ses séides, pour réclamer les deux cents fusils et les deux cents barils de poudre, disant à l'agent Madéros, que c'était d'après mes ordres. Celui-ci, qui le connaissait, lui demanda l'ordre par écrit, disant qu'il était responsable. De là, colère, tempête et menaces. J'accours aux vociférations, muni de mon Coran, doré sur tranches, qui me servait dans les circonstances graves, et je dis à Benou, avec un calme qui le força à baisser le ton, que si j'étais venu dans son pays, c'est parce que je connaissais le Coran, que je croyais que les rois et les princes étaient les premiers à respecter ses sentences et, tout en feuilletant le livre arabe, que je ne savais pas plus lire que lui, mais dont j'avais la traduction sous les yeux, je fis merveille autour de moi.

Après un palabre d'une heure, je gagnai mon procès. J'en fus quitte pour dix fusils et dix barils de poudre, dont je dus lui faire cadeau pour en finir, en lui faisant observer que j'avais le droit de donner un cadeau, mais que je ne pouvais pas forcer l'agent à lui vendre ce qui ne lui appartenait plus, puisque les Anglais seuls faisaient du commerce et que nos marchandises étaient inventoriées pour leur être livrées.

Dans ce même mois d'octobre 1884, nous redescendions le fleuve sur le navire *Niger*, revenant de Chonga, lorsque, arrivé près du grand village de Budon, en aval d'Egga, le pilote jeta le navire en plein sur un banc de sable.

Il y avait plusieurs jours que nous travaillions à nous dégager, jetant à l'eau tous nos barils de chabota (beurre végétal) en les enchaînant l'un à l'autre avec des cordes, formant ainsi un immense chapelet de tonneaux dont une extrémité était amarrée à un gros fromager et l'autre restait entre nos mains pour continuer l'opération... (On apprend bien des choses au Niger !)

Le charbon s'épuisait, les eaux commençaient à baisser, notre anxiété était extrême. J'envoyai à Budon le capitaine

Palmers, un noir de Sierra-Léone, très débrouillard et très dévoué, quoique de Sierra-Léone. Palmers avait pour mission de rapporter du bois à n'importe quel prix. Il se jeta dans un canot avec huit Kroumen. Les pauvres Kroumen, qui, d'ordinaire, chantent en pagayant et en travaillant, partirent les oreilles basses. Ils se voyaient à la veille de passer six mois sur le sable et de ne pas profiter de leur congé dont l'expiration approchait.

Au bout d'une heure, on vit Palmers revenir bredouille et consterné. Les naturels lui avaient refusé du bois en lui donnant les raisons suivantes :

« A quoi bon travailler à couper du bois ? Nous savons bien que les blancs nous donneront des étoffes, des glaces, des colliers ; mais le prince Benou va venir, nous l'attendons demain ou après, il saura que nous avons toutes ces belles choses, il nous les prendra *et il nous accusera d'en avoir caché d'autres pour nous ravir nos enfants*. Nous préférons rester pauvres et garder nos enfants ! »

Est-ce assez typique ?

Tels sont les rois et les princes musulmans dans le Sokoto, Benou en est le type le plus parfait. Le fléau de Dieu dans la contrée !

Un jour, ce gredin vint me voir à bord de la chaloupe la *Française*, mouillée à Sosokouso, pour m'extorquer encore quelque chose et, pour se donner à mes yeux de l'importance, il fit mander un roitelet païen de l'intérieur qu'il fit comparaître endimanché et qu'il fit coucher à ses pieds en prenant, lui, Benou, des airs de conquérant qui me révoltèrent. Je fis apporter du rhum, qu'il préférait aux préceptes du Coran, et je trinquai avec le païen, avant de choquer mon verre contre le sien.

On pourrait multiplier les faits de ce genre, plus monstrueux les uns que les autres ; mais à quoi bon ? Il est suffisamment établi que les potentats musulmans sont dignes de rivaliser avec les Touaregs assassins de Flatters.

Les Français et les Anglais devraient s'unir dans une

alliance fraternelle pour donner un grand coup et en finir avec ces trafiquants de chair humaine.

Rien ne serait plus simple si l'amour de l'humanité parlait plus haut chez les hommes que les intérêts personnels et égoïstes.

Les Anglais opéreraient avec des troupes de naturels par le bas Niger, où les voilà bien installés, et les Français descendraient par le haut Niger avec des Turcos.

Etant donné que les trois quarts des populations asservies sont hostiles aux musulmans et qu'elles demandent des libérateurs, on peut conserver l'assurance que l'entreprise ne serait pas un acte à la Don Quichotte, comme l'a dit un certain monsieur (qui fera bien de voyager), auquel j'avais soumis un plan d'exécution. Ce plan est praticable et je consens à l'exécuter, lorsqu'on voudra, avec des troupes indigènes d'Algérie, de préférence kabyles, et des volontaires de l'armée. Monseigneur de Lavigerie n'a qu'à me mettre à l'épreuve.

Sous une autre forme, je reviendrai peut-être sur cette question, car je suis au chapitre des habitants et de leurs mœurs, et non à l'art de la guerre. Il est temps d'arriver à Chonga, dont le lecteur connaît la position géographique (9° de latitude nord et 2° environ de longitude est).

Le roi de Chonga est tributaire de Sokoto, comme Moleki; mais il est aussi vassal de Moleki parce qu'il est païen. Moleki a placé auprès de ce roi un gouverneur du nom de Nedjonou qui le surveille et l'espionne.

Nedjonou est un ancien esclave; il est arrivé, par son courage et ses services, au faîte des honneurs et du pouvoir, comme cela se voit assez souvent dans le Soudan.

C'est ce Nedjonou qui m'avait permis de m'installer à Chonga; mais, en même temps, il envoyait un messager à Moleki pour me faire mettre à l'amende.

La ville de Chonga est fortifiée; elle compte une vingtaine de mille âmes.

Les factoreries sont situées sur la rive droite d'un méandre du Niger, dans un petit village qu'on nomme Chonga-

NIGER. — VUE DE CHONGA.

Warph, parce que c'est là qu'on débarque pour aller dans la capitale qui est à une lieue environ dans l'intérieur. Le gouverneur Nedjonou y habite avec ses esclaves.

Les habitants de Chonga sont très affables, très soumis; les musulmans vivent côte à côte avec les païens, mais sans se confondre.

En arrivant à Chonga, nous reçûmes la visite officielle (selon l'usage) de Nedjonou, escorté de quelques cavaliers et d'une vingtaine de fantassins, armés de fusils à pierre et de lances.

Après son départ, on nous offrit, toujours selon les habitudes, le spectacle de la danse devant la factorerie.

Une trentaine de jeunes filles, coquettement habillées d'étoffes clinquantes, se mirent à danser en cercle en battant des mains et en chantant la bienvenue aux blancs..... dans le but d'obtenir quelques cadeaux.

Pendant que ces païennes, infiniment plus intéressantes que les musulmanes, se livraient à des contorsions macabres, on vit venir un deuxième groupe de jeunes filles également païennes, précédées de quelques hommes pourvus d'instruments de musique, tels que : tam-tam, guitares, flûtes, etc. Cette deuxième bande parut déconcertée en voyant la place prise. Elle s'arrêta net. Un conciliabule eut lieu entre elles pendant quelques minutes, puis une grande jeune fille se détacha et vint en ambassade auprès de ses compagnes du premier groupe qui suspendit la danse.

J'avoue que je fus fort intrigué de ce manège et que je me demandai, pendant un instant, ce qui allait sortir de là. Etait-ce la paix ou la guerre? Heureusement, ce fut la paix.

Après une courte conversation entre l'ambassadrice et les danseuses premièrement arrivées, les deux groupes se confondirent et, après cette fusion enthousiaste, la fureur de la danse ne connut plus de bornes. Pendant deux heures, les belles négresses se trémoussèrent, se déhanchèrent, se disloquèrent à qui mieux mieux. Elles danseraient encore, si je ne leur avais donné les petits cadeaux traditionnels pour en finir et vaquer à mes affaires.

J'ai raconté ce petit épisode pour montrer l'esprit qui règne à Chonga, dans la population asservie, et ce tact, exquis pour des filles sauvages, qui hésitent avant d'aller se joindre à leurs compagnes en train de danser, de crainte d'être indiscrètes, et qui ne se mêlent à elles qu'après en avoir référé et obtenu l'assentiment.

La danse terminée, on monta à cheval avec Nedjonou et toute son escorte pour aller rendre visite au roi de Chonga. Notre avant-garde était formée des hommes à pied qu'on avait vus le matin à la factorerie. Ces malheureux allaient à la course sur une route rocailleuse, de crainte d'être dépassés par nos chevaux, lancés au grand trot. Plus d'une fois, je mis mon cheval au pas pour les laisser souffler, mais il paraît qu'ils étaient habitués à ce genre d'exercice, puisqu'ils couraient de plus belle toutes les fois que je m'arrêtais. Nous prîmes donc le trot et pour de bon, jusqu'aux portes de la ville. Quelques moments après, nous étions reçus par Sa Majesté.

Ce roi est le plus vieux et le plus ancien monarque, dit-on, de tout le Soudan. Il appartient à la monarchie païenne et il a conservé son titre et sauvé son peuple des ravages de la guerre, grâce à sa sagesse et à l'esprit peu turbulent de ses sujets.

Il m'a reçu en présence de Nedjonou, son geôlier, et notre conversation a eu lieu d'une façon sinon inédite, du moins que j'ignorais jusqu'alors.

Je ne sais s'il est permis d'appeler entrevue, une conversation entre deux personnes qui ne se voient pas, car c'est bien ce qui est arrivé.

Je suis entré par un pavillon, dans une enceinte construite en torchis, qui enveloppait plusieurs cases assez confortables, par rapport à leurs voisines. On m'a introduit seul dans une de ces cases, composée de deux chambres contiguës, ayant comme communication, une natte en guise de porte.

On me dit que le roi était derrière cette natte et d'aller lui serrer la main, en soulevant légèrement un de ses coins, car il était défendu de voir le roi, aussi bien qu'à lui de

NIGER. — Le prince Nedjonou vient rendre visite au commandant Mattei dans la factorerie française de Chonga près Rabba.

regarder. Tels sont, paraît-il, les rites de cette doctrine païenne à Chonga.

N'ayant pas été préalablement prévenu de ce qui m'attendait, j'ai failli éclater de rire, lorsqu'il me vint heureusement à l'esprit une recommandation qui m'avait été faite à Paris, avant mon départ, par mon ami, M. Gauthiot, secrétaire général de la Société de Géographie commerciale. Il m'avait conseillé de prendre note de tout ce qui me paraîtrait intéressant ou absurde, sans jamais en rire. « A Paris, ajouta-t-il, il y a des savants qui vous expliqueront le pourquoi et le comment de chaque chose. »

Honorant l'obéissance passive, je fus m'asseoir, sans rire, le nez contre la natte royale.

A peine fus-je installé sur mon tabouret en bois de baobab, que je vis remuer un des côtés de la natte et une vieille main, noire comme l'ébène, s'agiter dans le vide. Je la saisis moins chaudement que la main d'un ami ; mais, si je l'ai saisie froidement, je réponds de l'avoir serrée fortement.

Le roi me souhaita alors la bienvenue, nous échangeâmes force compliments, sans faire la moindre allusion aux affaires politiques ou commerciales ; mais je reste convaincu que, sans la présence de Nedjonou, le roi m'eût dit :

« — Ne pourrais-tu pas me délivrer du joug qui m'oppresse, moi et mes sujets ? »

Mais le geôlier était là !

Je fis passer au roi, par-dessous la natte, quelques pièces de velours, des étoffes françaises et divers autres cadeaux, que Nedjonou a dû certainement lui soustraire après mon départ.

Je reçus en retour un superbe mouton et je partis.

Avant de dire deux mots sur la faune et la flore, je vais donner deux photographies que j'ai faites à Bida.

Voici d'abord le portrait du griot Meigogué, qui, lors de mon premier voyage à Bida, est venu chanter devant nos cases..... J'ai failli dire : sous nos fenêtres.

Meigogué n'ignorait pas que les Anglais faisaient tous leurs efforts auprès du roi de Bida, pour empêcher les Français de s'installer au Bas-Niger. Dès qu'il apprit notre arrivée à Bida, il s'empressa d'accourir, avec sa petite guitare, et c'est en ces termes qu'il nous a chanté, en langue haoussa, la bienvenue :

« Malgré tes ennemis, le bon Dieu te protège et tous ont honte maintenant.

« Les gens non civilisés n'aiment pas les gens civilisés.

« Quand on met le coton à côté du feu, le feu consume tout le coton, et c'est ainsi que tu consumeras tous tes ennemis.

« Il faut s'amuser pendant que l'on est en vie, car, lorsque nous serons morts, nous ne pourrons plus nous amuser.

« Dieu est devant et derrière toi pour te protéger contre tes ennemis.

« Tes ennemis mourront et ton nom ne périra pas... »

Pendant plus d'une heure, le griot nous a tenus sous le charme de son harmonie. Le mot harmonie choquera sans doute les artistes, mais je le maintiens parce qu'il est exact.

J'ai été souvent assourdi dans ma vie par des tam-tam et des noubas ; mais jamais je n'ai entendu chez les Arabes des airs se rapprochant de la bonne musique espagnole, comme ceux que Meigogué nous a débités ce jour-là et qui lui valurent les applaudissements de l'explorateur Flegel et de mon neveu.

Meigogué reçut, en outre, avec reconnaissance, le cadeau traditionnel et il disparut. Mais quelle ne fut pas notre désillusion, lorsqu'un moment après, nous rendant chez le roi, nous entendîmes la même musique, les mêmes chants et les mêmes paroles, que le même griot répétait avec la même ardeur en l'honneur de nos adversaires les Anglais, cantonnés à trois cents mètres de nous !

Tels sont tous les griots qui parcourent le Soudan.

L'explorateur Flegel, dont nous donnons la photographie faite à Bida, est mort à Brass en 1885.

C'était le type de l'explorateur sérieux, ne faisant partie d'aucune Société d'admiration mutuelle et incapable de faire

MEIGOGUE, UN GRIOT A BIDA.

des récits capricieux, comme certains voyageurs qui viennent de loin.

Si j'ai écrit dans le *Bulletin des Missions catholiques*, dont on a bien voulu m'ouvrir les colonnes, c'est que je m'y trouvais en compagnie d'écrivains modestes et consciencieux qui ne sont pas des farceurs, qui font beaucoup et dont on ne parle jamais.

En 1883, lorsque nous sommes allés occuper Ibi, au grand mécontentement des Anglais, les agents de M. Mac-Intoche et peut-être M. Mac-Intoche lui-même ont pensé que M. Flegel m'avait conseillé cette occupation. Sous cette fausse accusation, Flegel aurait été pris à partie et frappé, m'a-t-on dit, très violemment.

Aujourd'hui que Flegel est mort, que le Bas-Niger appartient aux Anglais, que la question d'occupation est définitivement tranchée en leur faveur, je puis affirmer que Flegel ne m'avait jamais engagé à aller à Ibi, par cette seule et bonne raison qu'il aimait trop son pays pour chercher à donner à la France le protectorat d'une riche province qu'il rêvait pour l'Allemagne. Flegel a peut-être été plus ennuyé que les Anglais d'apprendre que le drapeau de la France flottait à Ibi et à Outché-bou-hou, points qu'il convoitait depuis longtemps. Ceux qui l'ont frappé ont été injustes.

L'Explorateur FLEGEL a Bida.

CHAPITRE VII

Aperçu sur la Faune et la Flore

our traiter ce chapitre à fond, il faudrait être très savant, car il y a beaucoup à dire.
Je me contenterai donc de citer, dans chaque règne, les espèces les plus connues et les plus intéressantes.

I

ANIMAUX SAUVAGES

Parmi les fauves nous citerons le lion et la panthère; celle-ci parcourt tout le Bas-Niger et vient se faire prendre même au bord de la mer.

M. Tawsen, commerçant anglais, en a pris deux en quelques jours à Brass, dans une cage en fer, qui se fermait mécaniquement, dès qu'on passait la porte; il avait placé une bique dans sa cage; deux panthères ont été capturées à trois jours d'intervalle.

En 1883, me trouvant en inspection à Lokodja, dans la nuit du 24 au 25 octobre, ma petite chienne fut enlevée dans la cour de la factorerie, sous les yeux des hommes de garde, par une panthère qui, d'un bond, franchit la balustrade, saisit ma pauvre chienne, malgré ses aboiements désespérés et l'emporta dans la forêt. C'est ainsi que la panthère se comporte dans ce pays (1).

On trouve aussi le rhinocéros, le chat-tigre, le lynx, l'hyène et le karakal. Beaucoup de ruminants du genre antilope, le daim, le chevreuil, le buffle, le mouflon, etc.

L'éléphant n'habite pas le Bas-Niger. L'ivoire que les caravanes apportent sur les marchés d'Ibi, Loko et Egga arrive des sources de la Bénoué (province d'Adamaoua). Là, ces pachydermes vivent par bandes nombreuses et, quoi qu'on en dise, l'ivoire n'est pas près de finir.

Jamais je n'ai pu voir une peau d'éléphant. Un chef de caravane m'a dit que les naturels la mangeaient, ou bien qu'ils en faisaient des chaussures, des selles et d'autres articles de commerce dans leur pays.

Les hippopotames pullulent dans le fleuve.

Beaucoup de variétés de singes sont représentées; j'ai rapporté en France des mônes, des cynocéphales et des callitriches, que j'ai offerts au muséum d'histoire naturelle à Paris.

II

ANIMAUX DOMESTIQUES

Le cheval, le mulet et l'âne ne peuvent pas vivre dans le delta.

Les naturels prétendent qu'il y a dans les fourrages une herbe qui les empoisonne. En effet, j'ai perdu trois chevaux

---

(1) Les chiens n'aboient pas au Niger, et pour cause. Ma petite chienne était française et naturellement elle ignorait là loi.

à Onitcha en deux ans, malgré la précaution que j'avais prise de les faire soigner par un indigène d'Egga, où je m'étais procuré ces animaux.

Pour trouver le cheval arabe, il faut remonter jusqu'à Egga. Le prix d'un cheval est d'environ deux cents francs en marchandises.

Le chameau, le dromadaire et le mulet sont inconnus dans ces contrées, l'âne y est fort rare.

Les bœufs sont de deux espèces, les bœufs ordinaires qu'on trouve dans le Niger moyen, et les bœufs à bosse, zébus, qui vivent (mais en très petit nombre), dans le delta et même à Brass; ils errent en liberté, bien qu'ayant leurs propriétaires, en sorte qu'ils sont très sauvages; pour les prendre, il faut user d'une foule de stratagèmes et quelquefois employer le fusil, car ils se défendent.

Beaucoup de chèvres et de moutons dans les hauts plateaux, ces derniers à poil soyeux. Le porc n'a presque pas de valeur, les indigènes ne lui donnent aucun soin.

Le lapin et le lièvre sont introuvables; à plusieurs reprises, j'ai transporté de Paris des lapins de garenne, que j'ai placés à Brass, à Onitcha, à Lokodja, et, malgré tous les soins qu'on leur a prodigués, ils sont morts au bout de quelques mois.

Dans le Noupé, la tortue est d'une grande ressource dans l'alimentation, et, bien que j'aie souvent remarqué chez les noirs de ce royaume, l'observance rigoureuse de certains articles de la Bible, ils ne semblent guère se soucier de celui qui défend de manger des animaux qui marchent sur leur ventre, car ils en font une très grande consommation.

L'écaille de tortue deviendra certainement une des richesses de ce pays dès que les naturels en connaîtront la valeur.

Dans le monde des oiseaux, citons parmi les gallinacés, les poules, les dindons, la pintade, le pigeon, la tourterelle. La perdrix et la caille n'habitent pas le pays.

Dans l'ordre des échassiers: le héron, le marabout, l'ibis, l'aigrette blanche, le pélican, le courli, la bécassine, les pluviers variés, puis les serpentaires, les faucons, les buses, les canards, une infinité de petits oiseaux du genre passereau de toutes les couleurs, et enfin des perroquets gris-cendrés, à la queue rouge, que l'on apprivoise facilement, à condition qu'on les prenne fort jeunes dans leurs nids. Cet oiseau, à l'état libre, est excessivement sauvage. Jamais je n'ai pu l'approcher à une portée de fusil.

Dans les mares et dans les rivières, on trouve beaucoup de gibier d'eau et du poisson en abondance.

A Brass, nous mangions souvent des huîtres que nous ramassions sur les troncs immergés des palétuviers, et des crevettes rouges qui auraient fait honneur à Chevet.

Les reptiles sont représentés par les caïmans, très nombreux dans le fleuve et les marigots. (Les noirs prétendent que le fiel du caïman est un poison extrêmement violent. Je n'ai pas vérifié le fait.) On voit aussi des pythons et autres serpents et des lézards de diverses espèces.

III

INSECTES

Pour décrire le monde des insectes, il faudrait un volume et, comme je le disais plus haut, il faudrait être savant. Je m'en tiendrai donc à l'humble moustique qui m'a tant tourmenté, et aux chiques, qui, pénétrant sous la peau, déposent leurs œufs assez profondément dans les chairs; si on n'y prend garde, elles peuvent causer de grands désordres. J'ai vu des Kroumen estropiés par ces petits insectes, qui ne nous ont guère épargnés non plus.

On les extirpe très facilement au moyen de la pointe d'une aiguille; l'opération doit se faire au début, c'est-à-dire dès que l'on ressent des démangeaisons avec accompagnement de piqûres aiguës.

NIGER. — PÊCHERIE DANS LE BAS-NIGER.

IV

VÉGÉTAUX

On dirait que le très humide climat du Niger, si perfide pour l'existence de l'homme blanc, a réservé toutes ses faveurs pour la végétation.

Les arbres qui, au point de vue commercial, paraissent les plus importants, sont : l'arbre à beurre (le karité) et le palmier.

« Le karité, dit M. le général Faidherbe, dans l'*Atlas colonial*, porte un fruit, une amande, qui, pilée et traitée par l'eau bouillante, donne une matière grasse, un véritable beurre : le beurre de galam employé par les indigènes dans leur alimentation.

« Ce beurre se conserve pendant fort longtemps.

« Cet arbre remarquable fournirait, en outre, par incision, un suc qui pourrait remplacer la gutta-percha. »

Dans le delta du Niger, il n'y a pas un seul de ces arbres, ce n'est que dans le Noupé et le Haut-Niger qu'il pousse à profusion. Cet arbre ressemble au chêne d'Amérique. Le fruit est bon à manger ; sa pellicule fine et verte ressemble à une prune ; on extrait le beurre du noyau qu'on jette dans l'eau bouillante après l'avoir exposé au soleil.

Il est très propre à la fabrication du savon et des bougies.

Les Anglais le désignent sous le nom de *schea-butter* (arbre à beurre), et les Français l'appellent *chabota*.

Généralement, on échange du sel contre du chabota. L'exportation se fait par milliers de barils. L'ivoire, le chabota et l'huile de palme, sont les produits qui rapportent le plus, ainsi que nous le verrons plus loin.

Après l'arbre à beurre, nous citerons le palmier à huile ; cet arbre est au Bas-Niger ce que l'arbre à beurre est au Moyen-Niger.

Les régimes de ce palmier fournissent un fruit vermeil dont la pulpe est soigneusement récoltée par les femmes qui fabriquent l'huile de palme. L'amande du fruit donne également une huile plus fine; dont nous nous sommes souvent servis à bord de nos bateaux pour graisser les machines, lorsqu'il nous arrivait parfois de manquer d'huile d'Europe.

En Algérie, nous ne possédons en fait de palmier que le dattier; mais ici les palmiers sont représentés par de nombreuses espèces, et c'est précisément le dattier que nous n'avons pas. Je n'ai pas vu une datte durant les cinq années que j'ai passées au Niger.

Citons : le rônier qui est à l'abri des insectes et qui fournit par conséquent un excellent bois de construction, le cocotier que tout le monde connaît, le chou palmiste, le tamarinier dont le fruit entre dans la composition d'une espèce de bière appelée *pito*, et le bois sert aux constructions.

Comme arbres fruitiers, nommons : le cognassier, qui fournit de nombreuses espèces, l'oranger, le citronnier, dont les fruits restent verts même lorsqu'ils ont atteint leur maturité et dont les fleurs et les fruits ornent simultanément et perpétuellement les branches; le bananier, dont les espèces varient selon les lieux; le papayer, des amamons et des ananas en très grand nombre.

J'ai vu et extrait moi-même par incision, faite avec un canif, l'arbre et liane fournissant le caoutchouc. Le cotonnier et l'indigotier sont en grand nombre, mais le coton laisse beaucoup à désirer; le fromager atteint deux mètres de circonférence, huit à dix mètres de hauteur.

Comme bois de construction, nous avons : les bois de fer, l'acajou, qui sert à faire des pirogues, le santal rouge, etc.

Dans le Niger moyen, des forêts de bambous servent aux constructions et à la fabrication de meubles. Ces bambous atteignent dix mètres de hauteur et quinze à vingt centimètres de diamètre au tronc inférieur. C'est au moyen d'assemblages par superposition que les indigènes construisent des meubles fort curieux et d'une certaine solidité.

Citons aussi le fameux baobab, le géant des forêts, qui atteint jusqu'à trente-cinq mètres de circonférence; on

FEMMES D'EGGA, FOULANT DU CHABOTA

mange son fruit qui est vert, la feuille est un fébrifuge qui rend de grands services aux noirs ; enfin le bois sert à faire des pirogues, malheureusement il est mauvais. L'arbre est creux, il peut abriter les voyageurs et souvent les fauves et les reptiles.

Le café, la canne à sucre, le tabac, le ricin, le sésame, diverses qualités de riz, le maïs, le mil, les ignames, le manioc, les patates douces, le piment, les courges poussent à merveille dans tout le Niger moyen.

L'arachide, qui, comme plante oléagineuse, est une des plus grandes ressources du Cayor, est cultivée avec succès, mais simplement comme plante légumineuse ; les indigènes la mangent comme des haricots. Espérons que les Anglais sauront bientôt initier les noirs à la cultiver sur une très grande échelle, comme à la côte du Sénégal.

J'ai semé avec succès à Brass, à Onitcha et à Lokodja des graines de France, et j'ai rapidement obtenu : radis, tomates, haricots, choux, oignons, salade, persil.

Les graines provenant des légumes ci-dessus n'ont presque rien donné l'année suivante. Il faut avoir soin de n'employer que des graines d'Europe. J'ai essayé plusieurs fois et en divers lieux de planter des pommes de terre, sans jamais réussir.

La vigne pousse trop vite ; elle se développe en bois et en feuilles, sans jamais donner de fruit.

Il existe un arbre qui est bien connu dans les royaumes du Noupé, du Gando, du Sokoto et du Haoussa. Tous les musulmans du centre africain vénèrent cet arbre, appelé Kola, à cause de sa légende qui a traversé les siècles et qui est encore aujourd'hui en honneur (1).

Cet arbre fournit un fruit à gousse verte de la grosseur d'un gros coco, mais de forme ovale. Lorsqu'on partage le fruit en deux parties égales, dans le sens longitudinal, on trouve dans la membrane interne sept ou huit amendes logées de chaque côté ; soit une dizaine dans chaque fruit.

(1) La légende dit que le Prophète s'est assis sous un Kola et qu'il a offert des fruits à tous ses disciples.

Ces amandes sont de la grosseur d'un marron, de couleur rougeâtre ou blanche, et ont un goût âpre comme celui du gland de chêne.

Les rois, les grands chefs et les gens riches mâchent des kolas toute la journée, n'avalent que le suc du fruit; ils disent que c'est un fébrifuge.

Lorsqu'un étranger de distinction vient leur faire visite, les rois et les princes lui offrent une poignée de kola en signe d'alliance et d'amitié.

Lorsqu'un roi vassal de Sokoto meurt, le sultan envoie à son successeur des kolas blancs, avant la cérémonie du couronnement qui n'a lieu que plusieurs mois après.

V

MINÉRAUX

Le Bas-Niger, jusqu'ici, ne paraît pas renfermer de grandes richesses minérales; le pays n'a guère été exploré que le long des rives et peu ou point dans l'intérieur des terres; les naturels eux-mêmes ne s'écartent pas beaucoup de leurs cases.

Seuls les musulmans peuvent parcourir, en guerriers dévastateurs, les contrées de ce pays, et ce n'est pas eux qui nous apporteront jamais des renseignements de quelque nature que ce soit.

Cependant le fer et le cuivre existent; l'extraction se fait par les moyens les plus primitifs.

Il y a dans le Noupé une terre argileuse fort remarquable, qui sert à faire des alcarazas, des lampes, des cruches et des poteries de toutes sortes, pour brûler l'encens du pays et d'autres odeurs.

On trouve aussi de l'ocre avec lequel les femmes se fardent la figure et quelquefois même tout le corps.

Je n'ai jamais vu d'eaux thermales, ni minérales, pas plus dans le Niger que dans la Bénoué.

Je terminerai ce chapitre par une recette que mon interprète Abbegga m'a donnée mystérieusement et qui consiste à faire le poison dans lequel les noirs trempent leurs flèches afin de rendre les blessures mortelles.

J'avoue que je n'ai guère confiance dans la bonne foi d'Abbegga ; le brave homme s'imagine qu'en sa qualité d'interprète, il ne lui est pas permis d'ignorer quoi que ce soit et qu'il est forcé de répondre à tous les renseignements qu'on lui demande sur son pays.

Voici donc cette fameuse composition, je la donne à titre de curiosité :

« Il y a un arbre appelé, en langue haoussa : konkani ; il produit un fruit de forme ovale et à semences.

« Ce fruit a environ cinq centimètres de largeur et vingt-cinq de longueur, comme une grosse et grande fève de la famille des légumineuses ; on prend une poignée de graines de ce fruit qu'on met dans un litre d'eau, avec la tête d'un serpent appelé Koboboua, en langue haoussa ; on ajoute une tête de tabac et on fait bouillir.

« A part, on met en ébullition une poignée de racines d'un arbre nommé Gosca, dans un litre d'eau, puis on fait le mélange et on fait rebouillir le tout, jusqu'à ce qu'on obtienne une liqueur noire, dans laquelle on trempe la pointe des flèches ou des lances, dont la blessure est mortelle.

« Si l'on buvait une cuillerée à café de ce poison on trouverait la mort.

« *Signé* : ABBEGGA. »

FIN DE LA PREMIÈRE PARTIE.

Les n°ˢ 1 et 3 représentent les bracelets ou plutôt les jambières en ivoire que les femmes riches, et principalement les traitantes, portent aux chevilles ; elles en mettent quelquefois trois ou quatre à chaque jambe ; les jeunes filles portent généralement des anneaux en cuivre et généralement en nombre considérable.

N° 2, jambières des femmes d'Egga-Membara ; ces jambières sont en cuivre et ont environ trente centimètres de diamètre.

N° 4, une pioche du Bas-Niger, seul instrument aratoire existant dans toutes ces provinces.

N°ˢ 5 et 7, bizarres coiffures des femmes d'Abo.

N° 6, bracelet en verre que portent les païens aisés du Bas-Niger.

N° 8, Manière dont les femmes du Moyen-Niger portent leur charge.

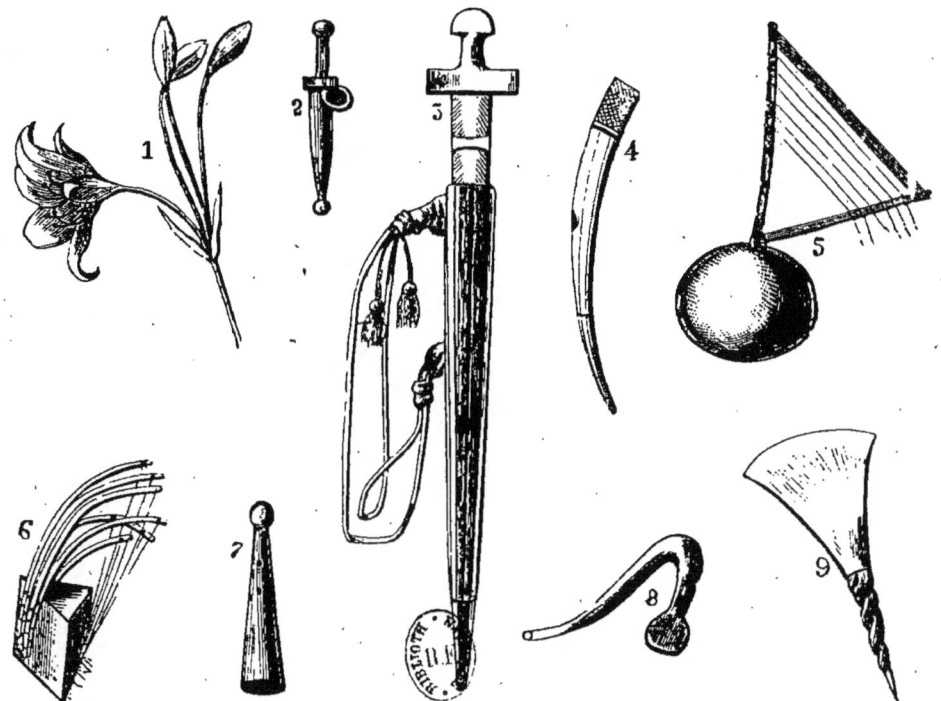

1. Lys de Brass-River (embouchure du Niger). — 2-3. Armes de Loko (Bénoué).— 4. Trompe de guerre (Onitcha, Bas-Niger). — 5-6. Instruments de musique (Kroumen). — 7. Cor de Loko (Bénoué). — 8. Houe du Bas-Niger — 9. Rasoir d'Onitcha (Bas-Niger).

DEUXIÈME PARTIE

LA BÉNOUÉ

CHAPITRE PREMIER

ous avons succinctement parlé du Niger, qui conduira les Anglais à Sokoto; examinons maintenant le bassin de la Bénoué, qui les conduira au lac Tchad ou Tzâdé.

Cette grande rivière a été découverte par Barth en 1851. Elle fut explorée par le docteur Baïkie, en 1854, jusqu'à onze cents kilomètres de l'Océan, et en 1879, par le bateau *Henri-Wenn*, des missions protestantes du Niger, ayant à son bord l'explorateur Flegel.

On a cru pendant longtemps que la Bénoué prenait sa source dans le lac Liba; mais Flegel, qui a exploré l'Adamaoua, a affirmé que c'est des massifs des montagnes de cette province, que s'échappe la principale coulée de cette immense rivière ; il m'a lui-même raconté qu'il pourrait se faire que la Bénoué se reliât au bassin du Chari, grand fleuve qui se jette dans le lac Tchad.

Quoi qu'il en soit, ce grand affluent du Niger coule presque en droite ligne de l'est à l'ouest, en s'infléchissant légèrement vers le sud, sans présenter aucun méandre, et vient se jeter dans le Niger à Igbébé, en face de Lokodja.

Son lit est en plaine ; deux chaînes de collines longeant les deux rives, à une très grande distance, bornent l'horizon.

Les steppes riveraines sont presque entièrement dépourvues d'arbres ; de grosses touffes d'herbes, semblables de loin à de l'alfa, couvrent cette grande plaine.

Durant son parcours, la Bénoué reçoit de nombreux affluents, dont les principaux sont, sur la rive droite : Sungo, Kaddera, Gongola, et sur la rive gauche : Mayo-Béli, grossie par le Fouro, qui se jette près d'Yola.

L'année peut se diviser en deux grandes saisons : la saison sèche et la saison pluvieuse.

Vers la fin du mois de mai, les eaux montent et la rivière devient alors navigable ; les bateaux calant six pieds et jaugeant deux cents tonneaux, peuvent remonter jusqu'à Djebou et très probablement au-dessus. C'est en mai et en septembre que les eaux atteignent leur plus grande élévation. Les Anglais ont construit des bateaux à coquille plate, qui peuvent porter jusqu'à quatre cents tonneaux.

Dans la seconde quinzaine du mois de novembre, les eaux commencent à baisser plus précipitamment que celles du Niger, et du soir au matin, on est exposé à se réveiller sur le sable.

Nous avons eu un navire, le *Nupé*, qui s'est échoué dans la Bénoué, le 7 novembre 1883, en remontant à Ibi, et il n'a été renfloué, par la crue des eaux, que le 6 juin 1884.

Les eaux du Niger, en 1883, ont baissé prématurément et quatre bateaux français ou anglais ont dû passer six mois à la belle étoile. Il était triste, mais très curieux, de voir ces bateaux, dans l'extrême sécheresse, perchés au sommet

La factorerie française d'Igbébé; M. LEROUX, le premier arrivé a Ibi.

d'immenses dunes, émergées à plus d'un mille du courant.

Dans la saison sèche, les chaloupes à vapeur, calant deux pieds et demi, peuvent seules remonter la Bénoué ; ce n'est qu'en pirogue que nous correspondions entre Lokodja et Ibi.

C'est en mars et avril que les eaux sont le plus basses.

Pendant les pluies, les eaux de la Bénoué sont aussi jaunâtres que celles du Niger ; mais, dans la saison sèche, elles deviennent limpides, avec une légère teinte verdâtre, ce qui est dû probablement au sol très crevassé et extrêmement perméable de cette vaste plaine.

L'aspect de ce confluent est fort curieux à observer, à partir de la fin de décembre et pendant toute la saison sèche.

La Bénoué, quoique coulant dans le lit du Niger depuis Igbébé, conserve, pendant près de dix milles, la couleur verte de ses eaux ; elle se maintient vers la rive gauche, comme si elle ne voulait pas se confondre avec les eaux vaseuses du Niger, qui érodent vers la rive droite.

La fusion ne commence à se faire que dans les parages de Beaufort-Isle.

Le thermomètre centigrade du 4 au 19 octobre 1883, lors de mon premier voyage à Ibi, n'a pas dépassé 38°.

Les tornades sont très fréquentes, mais de courte durée.

Le 13 octobre de cette année (1883), étant au mouillage devant Djebou, nous avons été enveloppés par un tourbillon, vers huit heures du soir. Le thermomètre, qui était à 35°, est subitement tombé à 22°. La rivière s'est transformée en une mer houleuse, sous un vent terrible, accompagné de coups de tonnerre ; le vapeur, chassé sur son ancre, allait à la dérive. Il fallut jeter une deuxième ancre, pour ne pas faire naufrage.

Au bout d'une demi-heure environ, le calme le plus parfait était rétabli.

La rive gauche, depuis Igbébé jusqu'aux environs d'Outché-bou-hou, est occupée presque exclusivement par des païens, constamment subjugués par les disciples du Prophète.

Les païens portent ici, comme dans le Niger moyen, des tatouages particuliers à leur pays d'origine d'où ils ont fui.

Ils fuiront encore devant le croissant persécuteur, à moins que les Anglais n'y mettent un frein ; mais, en ce moment, ils ont besoin de ménager les Foulahs et je le conçois à merveille. Leur installation étant incomplète, le concours des rois foulahs, qu'ils flattent par de nombreux cadeaux, leur est indispensable ; mais, dès qu'ils auront jeté des milliers de sujets britanniques blancs et noirs dans les deux bassins du Niger et de la Bénoué, lorsqu'ils auront multiplié leurs comptoirs et leurs missions, quand ils se seront bien fortifiés, alors, ils trouveront, dans les païens, d'excellents auxiliaires pour refouler les Foulahs vers l'Orient.

Telle sera leur politique dans ce pays et en même temps le meilleur moyen d'enrayer l'esclavagisme odieux et féroce qui règne en maître dans ces contrées, grâce aux préceptes du Coran qui veulent que le musulman soit libre et l'infidèle esclave.

C'est la politique anglaise que nous devrions suivre dans tous les pays où vivent, pêle-mêle, les Foulahs et les Fétichistes ; mais tel ne devrait pas être, à mon avis, le système à employer au Dahomey, si nous devons y aller.

Là, il faudrait frapper un grand coup et en finir une bonne fois.

Pour revenir aux habitants de la Bénoué, disons que les populations païennes sont dévastées sans mesure, par tous les musulmans de l'empire de Sokoto, et qu'il n'y a, pour eux, ni trêve, ni merci.

Les scènes navrantes auxquelles j'ai assisté, m'ont fait éprouver pour ces opprimés une sympathie égale à l'horreur que m'inspiraient leurs injustes et affreux oppresseurs dont le chef suprême, dans le Soudan, est le sultan de Sokoto. Ce puissant monarque jouit d'immenses revenus dont l'esclavagisme est la principale source, tant pour lui, que pour tous les rois et roitelets qui couvrent le sol de ce vaste empire.

Les musulmans portent ici, comme partout, le burnous, le turban, la gandoura et les babouches arabes.

Les païens se couvrent comme ils peuvent, selon les moyens que leur laissent leurs ennemis : un sale morceau de toile qui descend à mi-jambe et des amulettes au cou. On en voit qui sont couverts de peau de biques ou de haillons de toutes sortes.

Les enfants sont entièrement nus jusqu'à l'âge de sept à huit ans.

« A quoi bon travailler, disent ces malheureux idolâtres, puisqu'on nous prend tout ce que nous gagnons ! »

Pour les riches, la base de la nourriture est le riz indigène, qui est d'apparence rougeâtre ; pour les pauvres, c'est le mil.

Le pays fournit aussi les patates, les ignames, les oignons, l'arachide, les poules, les canards, les bœufs, les moutons, les chèvres, les poissons, etc.

Comme produits de commerce, citons : la canne à sucre, le café, le tabac, le coton, le ricin, l'indigo, le sésame, le beurre végétal, le miel, la potasse et des peaux. L'huile de palme est un produit très rare ; dans l'Adamaoua, il n'y a pas de palmiers.

Pour le moment, c'est l'ivoire qui est le produit le plus important.

En 1885, on disait que les Anglais venaient de mettre en exploitation à Bansofa, petit village situé aux environs de Loko, sur la rive gauche, une mine d'argent ; quelques jours plus tard, cette fameuse mine n'était, disait-on, qu'une mine d'antimoine ; aujourd'hui, ce ne serait qu'une simple mine de plomb.

J'ai fait ramasser, dans cette petite localité, une grande quantité de pierres, qu'on décorait du nom d'améthyste; elles étaient, en effet, d'une belle couleur violette ; mais les lapidaires de Paris, après examen, ont reconnu qu'elles n'avaient aucune valeur.

Il pourrait se faire cependant qu'en fouillant la terre, on trouvât dans ces parages des pierres précieuses.

Le fer et le cuivre existent aux environs de Wukari, capitale de Kororofan.

La première factorerie que l'on rencontre, en remontant la Bénoué, est à Loko, sur la rive droite.

En évaluant la vitesse moyenne de nos petits navires à cinq milles à l'heure, en remontant le courant, cela ferait quatre-vingt-dix milles.

Le jeune roi de Loko se nomme Amadouh; c'est un Foulah, un farouche despote, qui corrompt les agents noirs de nos factoreries, pour voler ensemble les Compagnies dont ces agents sont les représentants.

C'est dans cette localité que j'ai éprouvé le plus de chagrins et où il m'est arrivé le plus d'aventures désagréables, grâce au chef de la factorerie, le nommé Bennett, natif de Sierra-Leone, ami et conseiller du roi.

Ce Bennett était un ancien agent de la Compagnie anglaise, qu'il avait quittée, après avoir commis de nombreuses malversations dans l'administration de la factorerie qui lui avait été confiée.

Engagé un peu à la légère, il faut le dire, par M. de Sémellé, il vola à la Compagnie française, pendant que j'étais agent général, environ vingt mille francs d'ivoire, qu'il avait enfoui dans un silo creusé sous son lit.

Nous avons eu toutes les peines du monde à faire arrêter ce forban, et, plus tard, grâce aux lois anglaises, c'est Bennett qui m'a fait arrêter, sous prétexte que je l'avais maltraité (1).

Quelques mois après l'enlèvement de Bennett, la factorerie fut brûlée de fond en comble et les marchandises détruites. Nous n'avons jamais pu savoir comment le feu avait été mis à nos bâtiments.

La première pensée qui vint à l'esprit de tous les Français, fut d'attribuer ce désastre à la malveillance; mais l'enquête que j'ai faite n'a pu l'établir.

---

(1) Voir plus loin les détails de cette arrestation.

C'est là qu'est mort, d'une fièvre pernicieuse, mon ami Robin, chef de district.

Enfin, c'est à Loko que l'agent Thomas fut noyé par vengeance parce qu'il avait remplacé Bennett, lequel se promène tranquillement à Free-Town (Sierra-Leone).

Il a l'audace, aujourd'hui, de demander une indemnité aux directeurs de l'ancienne Compagnie française de l'Afrique équatoriale, pour le préjudice qui lui aurait été causé.

Je raconte plus loin, dans tous ses détails, l'abominable conduite de cet agent infidèle, implacable ennemi des Anglais, auxquels il doit son instruction et l'avantage de pouvoir porter culotte, au lieu d'un pagne.

Je raconte ces faits parce qu'ils renferment des enseignements qui pourront être utiles ; mais, avant de parler de ces tristes événements, je tiens à faire part à mes lecteurs d'une aventure d'un autre ordre, d'un genre tout à fait curieux, qui m'est arrivée également à Loko la première fois que je l'ai visité.

C'était le 14 août 1881.

A peine débarqué, je suis allé rendre visite au roi Amadou et, après force compliments, de part et d'autre, la remise des cadeaux traditionnels accomplie et l'inspection de la factorerie et de ses dépendances terminée, je pris mon fusil pour faire un tour de chasse dans les environs. Suivi de mon chien et accompagné de quatre Kroumen, je me dirigeai tranquillement dans la plaine qui s'étend derrière le village ; il était cinq heures du soir.

Au bout d'une demi-heure de marche, je vis tout à coup apparaître, à une centaine de mètres devant moi, un vaste champ couvert d'édifices superbes.

Il y en avait de diverses grandeurs et de formes différentes, mais tous se terminaient en pointes d'aiguilles.

Les derniers rayons du soleil couchant jetaient sur ces étranges monuments une sinistre clarté et leur donnaient l'aspect de mausolées, de tombeaux en marbre ou en granit et de pierres tumulaires. Je me croyais transporté, comme par enchantement, au cimetière de Montmartre ou du Père-

Lachaise, et je restai fixé au sol. Etais-je le jouet de mes sens abusés ou la victime d'une hallucination quelconque; était-ce l'effet d'un mirage, d'une vision, d'un coup de soleil ? Je me sentis assaillir l'esprit par mille idées à la fois qui me laissèrent un instant troublé et confondu ; mes Kroumen voyaient bien comme moi et répétaient en chœur : « Village, grand village ! »

Au bout de quelques minutes de réflexion, après avoir essuyé mes binocles et m'être frotté les yeux, je m'avançai anxieusement vers cette mystérieuse cité que je rejoignis en quelques minutes.

Le premier monument que j'atteignis, était un immense clocheton, merveilleusement construit, ayant environ quatre mètres de hauteur et une dizaine de mètres de circonférence vers sa base ; il était flanqué de tous côtés de stalagmites, de pyramides et de flèches d'une dureté extraordinaire. Tous les autres édifices étaient du même genre et avaient à peu près les mêmes formes.

Plus de doute, j'étais dans la capitale des Termites !

Après avoir parcouru en tous sens cette curieuse cité, je rentrai à la factorerie, bredouille en fait de gibier, mais plus enchanté de mon excursion que si j'avais fait une excellente chasse.

J'appris en rentrant, par le fameux Bennett, que ces terriers existaient depuis un temps immémorial et que les indigènes les respectaient religieusement, parce qu'ils croient qu'ils ont la surnaturelle puissance de protéger leurs semailles.

Il y a quelques jours, le hasard fit tomber entre mes mains un ouvrage de Saintine, provenant de la bibliothèque de Grenoble, qui a pour titre : *Seul.* Le héros de cet ouvrage se nomme Selkirk. C'est un misanthrope, qui fuit le monde et qui voyage.

Pour la deuxième fois, il revient dans un désert, près de Popayan, dans la Nouvelle-Grenade.

Quelle ne fut pas sa surprise, de trouver une ville considérable, là où, six mois auparavant, il n'existait que des sables.

Plus de doute, j'étais dans la capitale des Termites
(Voir page 112.)

Saintine s'exprime ainsi (la citation est un peu longue, mais je la copie entièrement, parce qu'elle est instructive et intéressante à la fois) :

« Devant lui (c'est-à-dire devant Selkirk) s'élèvent des
« huttes de terre, régulièrement construites et hautes de
« huit à dix pieds. C'est un village d'Indiens! Cette fois il
« n'en peut douter, l'illusion est impossible, une brume ne
« l'abuse point comme au Faux-Popayan ! Le ciel est pur,
« la clarté du soleil luit nettement sur ces habitations arron-
« dies en voûtes. Comment n'en a-t-il pas eu connaissance
« lors de sa première tournée d'exploration dans l'île ? Sans
« doute, ces Indiens n'ont débarqué et ne se sont installés
« que depuis cette époque sur le bord du lac Bleu. Peut-être
« sont-ce des chasseurs de phoques, attirés là par le séjour
« qu'y ont fait ces amphibies. Il arme son fusil, prêt à toute
« rencontre, et, s'abritant derrière un épais buisson de
« cactus, il guette la sortie d'un des habitants, ne pouvant
« prévoir encore s'il a affaire à des amis ou à des ennemis.
« Une conviction lui reste néanmoins : c'est qu'il n'est plus
« aujourd'hui le seul homme qui vive sur ce coin de terre.

« Pendant qu'il guettait, il eut grand'peine à contenir
« la curiosité de Marimonda (son singe), qui voulait aller
« seule à la découverte.

« Après un quart d'heure de vaine attente, ne voyant rien
« venir, et impatient de savoir si ce village de fraîche date
« était déjà abandonné, s'abritant toujours de son mieux,
« tantôt derrière un taillis, tantôt derrière un monticule, il
« en fit le tour, à distance, afin d'épier par les ouvertures qui
« devaient servir de portes, si quelqu'un apparaissait et se
« mouvait sous ces huttes.

« Mais ces huttes, si régulièrement édifiées, ne présen-
« taient ni portes ni ouvertures.

« Hâtons-nous de le dire, elles n'avaient eu pour con-
« structeurs, comme elles n'avaient pour habitants, que des
« *Termites*, sorte de grosses fourmis blanches qu'on ne ren-

« contre guère qu'entre les tropiques, ou sur le continent
« africain.

« Une fois encore, Selkirk, entraîné peut-être par une
« incessante préoccupation de son esprit, avait été la dupe
« d'une apparence trompeuse.

« Assez semblables aux fourmis par leur forme, mais se
« rapprochant des abeilles par leurs travaux, par la distri-
« bution de leurs castes, et plus industrieuses même que
« ces dernières, les *Termites* présentent trois tribus parfai-
« tement distinctes entre elles et ne composant qu'une seule
« famille.

« Voici d'abord les *ouvriers*, à la fois mineurs et archi-
« tectes, creusant dans les profondeurs de la terre d'im-
« menses galeries, des dédales où ils enfouissent leurs
« matériaux et leurs provisions; puis, se servant de ces
« palais souterrains comme de fondations sur lesquelles ils
« élèvent des monuments extérieurs, relativement plus
« hauts que les pyramides. La pyramide d'Egypte, la plus
« altière, la plus audacieusement culminante du sol, celle
« de Chéops, n'a pas cent fois la hauteur de l'homme son
« édificateur. Une termitière dépasse de mille fois, en élé-
« vation, la taille de celui qui l'a construite. Quant à sa
« solidité, au rapport de Smeathman : des troupeaux de
« buffles peuvent bondir dessus sans l'effondrer.

« A côté des *ouvriers* marchent les *soldats*, armés en tête
« de mandibules cornées, de pinces pénétrantes, vraies
« machines de guerre, égalant la longueur de leur corps.
« On les trouve sans cesse au dehors de l'habitation com-
« mune, veillant au salut de tous, protégeant les travaux des
« ouvriers, leurs frères, et prêts à mourir pour les défendre.

« La troisième tribu des *Termites*, la *caste noble* et pri-
« vilégiée par excellence, ne se compose que de deux
« individus, ou plutôt d'un seul, car le roi, là comme dans
« d'autres monarchies d'un ordre plus élevé, n'est, à vrai
« dire, que le mari de la reine. Ainsi que la reine des abeilles,
« la reine des *Termites* est, dans l'entière réalité de l'expres-
« sion, la mère de son peuple, la mère des *ouvriers* aussi

« bien que des *soldats*. Enfermée dans sa case royale, sans
« autres soins que ceux d'une laborieuse et incessante
« maternité, entourée de serviteurs attentifs à ses besoins,
« mais plus encore ses gardiens que ses courtisans, elle
« rappelle assez le rôle politique que jouaient autrefois
« certains souverains absolus de l'ancien comme du nou-
« veau monde.

« Si Selkirk, comprimant le dépit que fit naître en lui ce
« nouveau désappointement, avait pu étudier à loisir et dans
« leurs détails intimes les mœurs de ces intéressantes peu-
« plades, une des merveilles les plus saisissantes de la créa-
« tion animée, il eût vu se dissiper, ce jour même, ses doutes
« obstinés sur l'avantage de l'association. Les *Termites*
« isolés deviennent facilement la proie de l'hirondelle, ou
« d'un insecte mieux cuirassé qu'eux ; réunis, ils sont une
« puissance.

« En Afrique, où aussi bien que les sauterelles, ils passent
« pour une nourriture digne des gourmets les plus raffinés,
« on a vu des bandes de nègres, qui cherchaient à les enfu-
« mer dans leur forteresse, vaincus par eux, laisser des
« morts sur le champ de bataille.

« Ce qu'ils peuvent édifier, ce qu'ils peuvent détruire est
« incroyable. Dans les contrées où ils se montrent les plus
« nombreux, les plus agissants, le double rôle que
« semble leur avoir assigné la nature est celui de pionniers
« et d'agents de la salubrité publique. Rongés, minés par
« eux, les arbres disparaissent comme sous la cognée du
« bûcheron ; ils éclaircissent l'épaisseur des forêts vierges,
« y font pénétrer la lumière et la vie, les débarrassent de
« leurs bois morts, et parfois y ouvrent de longues routes
« dont les sauvages indigènes profitent pour atteindre le
« gibier ou s'avancer vers d'autres horizons. Grâce à eux,
« les corps des grands quadrupèdes, des buffles et des élé-
« phants tombés de vieillesse ou dans quelques luttes meur-
« trières, ceux des énormes cétacés que le flot pousse au
« rivage, disparaissent avant d'avoir répandu leur pesti-
« lence dans l'air.

« Les *Termites* ne se montrent guère là où domine l'in-
« dustrie de l'homme. Pour cette raison, comme pour celle
« du climat surtout, il semblait que l'accès de l'Europe leur
« fût interdit à jamais ; cependant, il y a quelques années,
« arrivés en France à bord de quelque navire du Sénégal,
« ils ont essayé de s'y établir et le trésor des archives de la
« Rochelle, dévasté par les fourmis blanches, gardera un
« triste souvenir de leur visite. »

Si j'avais lu Saintine avant d'aller au Niger, je n'aurais pas été surpris, à Loko, de voir des constructions de *Termites*. Ce qui prouve bien qu'on s'instruit tous les jours.

Ce que Saintine ne dit pas et ce que je n'ai pas dit non plus, parce que je ne le savais pas, c'est que les reines des fourmis n'ont pas du tout la forme des fourmis blanches ; elles ressemblent plutôt à de très gros vers blancs, de la longueur de six à sept centimètres, ayant trois centimètres environ de diamètre ; les noirs les mangent et les trouvent exquises.

Ce sont les Pères de la Mission africaine de Lyon qui m'en ont montré une superbe renfermée dans un flacon d'eau-de-vie.

Le R. P. Chausse, supérieur à Lagos, m'a dit en avoir mangé et les avoir trouvées succulentes.

Revenons à nos comptoirs.

Le deuxième et le troisième et dernier comptoirs de la Bénoué ont été créés en 1883, à côté l'un de l'autre, aux villages d'Outché-bou-hou et d'Ibi, à environ deux cent quatre-vingt-cinq milles du confluent.

Les roitelets de ces deux villages dépendent du roi de Djebou ; celui-ci paye tribut au roi de Mory, qui habite la rive droite en amont de Djebou.

Le roi de Mory est presque l'égal, en puissance, du roi de Wukari, mais tous doivent obéissance au roi d'Yola, capitale d'Adamaoua.

On voit que dans ce pays, c'est la même hiérarchie féodale que dans le Noupé.

La ville de Djebou est placée, à peu près, à 8° de latitude nord et 8° de longitude est; elle est bâtie sur un plateau qui domine la rivière à 800 mètres de la rive gauche.

La cité est entourée d'un fossé profond et d'une enceinte en palissade construite avec de gros troncs d'arbres, dont plusieurs ont pris racine et sont devenus des géants.

Les maisons sont de forme conique, en tout semblables à celles du Noupé; mais les familles, au lieu d'envelopper les groupes de leurs cases d'une enceinte en torchis, comme à Bida, se servent, pour la même opération, de grandes nattes de deux mètres de hauteur, confectionnées en joncs; tous ces groupes de maisons, étant rapprochés les uns des autres, forment des rues tortueuses qui courent dans tous les sens, et quand on s'y engage on s'y perd littéralement.

Nous sommes passés plusieurs fois entre les mêmes murailles végétales sans nous en apercevoir et sans pouvoir trouver une issue.

La ville et les places publiques sont beaucoup plus propres que celles de Bida et d'Egga.

Les musulmans parlent la langue haoussa; les idolâtres ont conservé leur dialecte, mais ils ne le parlent qu'entre eux.

Les salutations se font par des génuflexions. Les sujets se prosternent devant les rois, les princes et les grands seigneurs; ils se mettent à genoux, embrassent la terre et se couvrent la tête de poussière.

Entre égaux on se serre la main. La polygamie est dans les usages des Haoussaoua, comme des idolâtres.

La richesse des musulmans, nous l'avons dit, consiste dans le nombre des esclaves qui cultivent la terre.

Les femmes riches de Djebou sont de haute taille, elles s'habillent comme les Mauresques, mais ne portent pas le voile.

Leur coiffure est très bizarre. Elles tressent leurs cheveux en forme de casque, à une hauteur prodigieuse, en laissant échapper derrière le cou une queue tressée à part et qui se courbe comme le dard d'un scorpion.

Ce casque chevelu est retenu au moyen d'un mince filet de soie noire et d'une longue épingle en or ou en argent.

Djebou est, pour ainsi dire, le port de la grande ville de Wukari ; celle-ci est industrielle et commerçante au moins autant que Bida.

C'est au roi de Djebou que nous avons eu affaire pour notre installation à Ibi. Le monarque a signé, avec enthousiasme, le traité qui lui a été présenté au nom du Gouvernement français et de la Compagnie française équatoriale. Il a déclaré qu'il serait toujours l'ami des *Batourés* (des blancs), dont il avait entendu dire beaucoup de bien, mais qu'il n'en avait jamais vu. Par antithèse, les blancs n'ont pas tardé à entendre dire par ses sujets, beaucoup de mal de Sa Majesté.

En effet, le mécontentement du peuple contre le roi était extrême; on l'accusait de crimes atroces; on disait qu'il s'emparait avec violence du bétail, des récoltes et des vivres de ses populations; qu'il enlevait de force des hommes, des femmes et des enfants libres, qu'il vendait comme esclaves. Tous ces faits étaient parfaitement exacts, nous avons eu l'occasion de le constater; les Anglais ont brûlé Djebou de fond en comble l'année suivante.

Voilà ce que nous aurions dû faire au Dahomey depuis bien longtemps

Femme de Djebou et d'Ibi.

CHAPITRE II

Comment nous avons pris position à Ibi et Outché-bou-hou

INSI que nous l'avons vu au chapitre *historique*, les chefs de Brass, par crainte des Anglais, n'ont pas voulu signer le traité qu'ils avaient précédemment accepté, traité tendant à neutraliser les bouches du Niger, afin d'éviter ce qui est arrivé.

La Compagnie anglaise, puissamment riche, recevant des immunités de son gouvernement, résolut de nous anéantir par la concurrence.

M. Mac-Intoche, à peine revenu d'Angleterre, quelques jours après mon débarquement à Brass, en 1883, donna l'ordre de baisser, d'environ un quart, la valeur de ses marchandises, partout où les Français avaient des comptoirs. Dans ces conditions, la Compagnie française ne pouvait lutter; il fallait chercher immédiatement un remède à cette fâcheuse situation. C'est alors que je pris la résolution d'aller au-devant des caravanes.

J'avais appris que les caravanes qui apportaient l'ivoire dans nos comptoirs de Loko et d'Egga, passaient la rivière à Ibi et Outché-bou-hou ; les Anglais n'avaient pas encore songé à aller s'établir dans un endroit aussi éloigné.

Je savais, de source certaine, que les indigènes étaient très doux et qu'ils ne demandaient pas mieux que de faire du commerce avec les blancs.

Abbegga et tous les gens des caravanes que nous avons interrogés à diverses reprises avaient affirmé que les Français seraient reçus avec plaisir et tous nous engageaient à y aller.

Dans le Niger, je résolus d'aller à Chonga, de pousser une reconnaissance avec la chaloupe jusqu'à Badjebo et peut-être jusqu'à Boussa. A cet effet, on chargea le vapeur *Moleki* de marchandises, on mit à bord tous les agents nécessaires, comptables, ouvriers et Kroumen.

Le *Nupé* fut désigné pour Ibi, il fut chargé des marchandises que les caravanes préfèrent ; on embarqua des agents noirs sachant parler haoussa ; cette deuxième mission fut confiée à M. Leroux.

Entre autres instructions verbales, M. Leroux reçut, par écrit, l'ordre suivant :

Ordre.

« M. Leroux quittera Lokodja le 27 août avec le vapeur *Nupé* pour se rendre à Djebou, dans la Bénoué, situé à environ deux cent quatre-vingt-cinq milles du confluent de cette rivière.

« Il ne fera escale nulle part, pas même à notre factorerie de Loko.

« Il mouillera tous les soirs à la nuit et repartira le lendemain matin à la pointe du jour.

« Tout en se confiant au pilote M'hamoudou Egouaté, M. Leroux ne le perdra jamais de vue.

« Le capitaine Palmers commandera son navire en tenant compte que le pilote seul connaît la route et que c'est M. Leroux qui dirige l'expédition.

« M. Leroux fera mouiller devant Djebou et se rendra immédiatement chez le roi, accompagné de l'interprète M'hamoudou et de l'interprète Joseph, qui parle les langues yourba, noupé, haoussa, française et anglaise.

« Après les salutations d'usage, il lui remettra les cadeaux et lui demandera, au nom du Gouvernement français et de la Compagnie française de l'Afrique Equatoriale, s'il veut être notre ami et nous permettre de nous établir à Ibi et à Outché-bou-hou, pour acheter l'ivoire des caravanes ; à cet effet, M. Leroux se fera concéder un vaste terrain situé au bord de la rivière à Ibi et à Outché-bou-hou et autant que possible sur des points élevés.

« Il fera signer au roi le traité ci-joint, portant le cachet du consul de France.

« Il lui annoncera ma visite dans les premiers jours d'octobre.

« Il lui remettra le drapeau français qui sera arboré au-dessus de la grande porte d'entrée de la ville de Djebou.

« Le drapeau sera salué d'une triple salve d'artillerie.

« Deux autres drapeaux seront hissés sur les terrains concédés à Ibi et à Outché-bou-hou et également salués d'une triple salve d'artillerie.

« Dès que les factoreries seront couvertes en zinc, et les marchandises abritées, M. Leroux redescendra à Lokodja pour y surveiller la traite et mettre ses comptes à jour.

« Il laissera à Ibi les agents, les ouvriers et les Kroumen désignés par l'agent général. »

« *Lokodja, le 25 août 1883.* »

Au retour de Chonga, en inspectant Djebou et Ibi, j'ai constaté que M. Leroux s'était acquitté à merveille de sa mission. Voici les notes qui sont, sur mon agenda, prises au jour le jour, durant ce voyage, et qui contrastent étrangement avec le récit fantaisiste de M. Viard, dont j'ai parlé.

Tôt ou tard la vérité se fait jour, même pour les explorateurs et les membres de la Société d'admiration mutuelle qui pullulent à Paris :

Vendredi, 5 octobre 1883.

Départ, ce matin à sept heures, de Lokodja, avec le vapeur *Nupé*, capitaine Palmers, et la chaloupe *Française*.

Les bateaux sont bondés de marchandises destinées à l'approvisionnement des factoreries Loko, Outché-bou-hou et Ibi. A midi, le thermomètre centigrade marque 35° sur le pont et à l'ombre. A six heures et demie du soir, nous mouillons.

Avons marché onze heures et demie.

Samedi, 6 octobre.
Départ, ce matin à six heures. Pluie légère.
Arrivé à Loko à une heure. Avons marché sept heures.
Le roi Amadou étant absent (1), je dépose les cadeaux chez son ministre qui les lui fera parvenir à Massaraoua, ville de l'intérieur.

Visite à la tombe de mon ami Robin ; inspection à la factorerie ; accès de fièvre épouvantable.

J'envoie un messager au roi pour lui exprimer mon mécontentement sur l'incendie de notre factorerie et sa conduite dans l'affaire Bennett.

Je lui fais dire que les Français sont très bons, qu'ils aiment particulièrement les noirs, qu'ils ne se mêlent jamais de leurs affaires, qu'ils respectent, plus qu'aucun d'eux, les préceptes du Coran ; que nous ne sommes venus chez lui que pour y faire du commerce, entretenir avec son peuple des relations d'amitié et les aider en tout et pour tout, dans les limites de notre pouvoir.

Mais, ajoutai-je militairement, dites bien à votre roi que la France est une grande nation qui sait faire respecter son pavillon et ses sujets aussi bien que l'Angleterre ; qu'elle a plus de canons et de soldats qu'elle, et malheur à ceux qui violeraient les maximes du Prophète.

Dimanche, 7 octobre.
Séjour à Loko, vérification de la comptabilité. La fièvre continue ; néanmoins je prends quelques vues photographiques pendant que l'on met les marchandises à terre. A midi, le thermomètre marque 37° dans la factorerie.

Lundi, 8 octobre.
Fièvre atroce toute la nuit. Je prends une forte dose de

---

(1) Amadou, craignant une entrevue, avait pris ses quartiers d'hiver.

quinine et nous nous mettons en route à sept heures et demie du matin.

La rivière est aussi large que le Niger ; des collines dans le lointain, et vers les deux rives, nous passons de temps en temps devant quelques petits villages qui ne figurent pas sur les cartes et dont le pilote lui-même ne connaît pas les noms. A midi, le thermomètre marque 35°.

A cinq heures et demie, nous arrivons au village Agatou ; nous mouillons. Avons marché dix heures.

Agatou est un assez grand village qui ne figure pas sur l'itinéraire que Baïkie a tracé en 1854 et que j'ai sous les yeux ; il se trouve au bord de l'eau, sur la rive gauche.

Les pirogues qui nous abordent sont très grandes et à fond plat ; les rameurs ou pagayeurs se tiennent debout ; leurs pagaies sont, en conséquence, beaucoup plus longues que celles qui sont en usage dans le Niger.

Mardi, 9 octobre.

Ce matin, pas de fièvre. Le roi d'Agatou nous a offert du *pito* (bière du pays) et des poules ; je lui ai renvoyé des perles, des miroirs et une pièce d'indienne rouge.

J'ai permis aux habitants de monter à bord ; jamais on n'avait entendu autant d'exclamations ; ce qui faisait surtout leur admiration, c'était la machine et les deux canons en cuivre ; mais, lorsque, avec ma carabine à répétition, ils m'ont vu tirer consécutivement sept balles dans la rivière, ils se sont mis à pousser des cris de joie mêlés d'une certaine terreur. L'effet attendu s'est produit.

Départ à six heures et demie.

A huit heures, nous passons devant un gros village, le pilote le désigne sous le nom de Mitchi ; mais Mitchi est le nom de toute la contrée. Presque en face, sur la rive droite, nous apercevons un autre village, bâti sur une légère éminence, que le pilote nomme Rougancoto.

Les habitants que nous rencontrons dans des pirogues, nous saluent avec enthousiasme et sympathie ; nous sommes loin des récits du docteur Baïkie.

A midi, nous sommes au village Appa. Il pleut.

Le thermomètre ne marque que 26°.

La rivière est excessivement large et houleuse, le courant plus rapide qu'hier ; on n'aperçoit aucune montagne ni aucune colline.

A cinq heures du soir, nous passons devant le village d'Anitshy.

A six heures, nous mouillons. Avons marché onze heures et demie.

Dans la nuit du 10 octobre, nous essuyons une grande tornade. Vent, pluie et coups de tonnerre. A deux heures du soir, nous arrivons à la factorerie française à Outchébou-hou. La vue du drapeau tricolore qui flotte sur la factorerie réjouit le cœur et dissipe la fièvre.

Les habitants accourent pour voir la *grande pirogue* (le vapeur) ; je fais jouer le sifflet à vapeur qui jette un moment d'effroi, suivi d'une hilarité générale, puis on commence le débarquement des marchandises au son du tambour et d'instruments exotiques. C'est une vraie fête.

Nous nous rendons chez le roi, le capitaine Palmers, Abbegga et l'interprète Joseph.

Joseph est un noir de Lagos qui a été élevé par nos braves missionnaires d'Afrique dont on parle si peu et qui font tant de belles et bonnes choses ! Il sait lire et écrire le français, il parle en outre l'anglais, le portugais et le yourba; avec la connaissance de cette deuxième langue, on peut traverser tout le Soudan central, on est sûr, que dans chaque village, on trouvera quelqu'un qui la connaît. Joseph rendrait de grands services au Dahomey si on savait l'employer.

Le roi nous a reçus avec mille protestations d'amitié et nous a promis son concours; après l'échange des cadeaux, nous avons visité le village, donné un coup d'œil sur les routes suivies par les caravanes et nous sommes rentrés à la factorerie.

Le 13 octobre, nous arrivons à Djebou. La ville est à quelques centaines de mètres de la rive gauche ; pour l'at-

BÉNOUÉ. — VUE D'Outché-bou-bou.

teindre, il faut une heure en canot à travers les marécages.

Nous apercevons le pavillon français qui flotte sur les remparts de la ville.

Le 14 octobre, le roi nous envoie des messagers pour nous informer qu'il nous attend. Sa réception a été amicale au moment de l'échange des cadeaux, mais il y a palabre au sujet des Anglais : ils nous ont pris à Ibi la moitié du terrain qui avait été cédé à M. Leroux. Le roi nous donnera une solution demain matin. Cela me contrarie, car c'est un jour de perdu.

Le 15, nous restons de sept heures du matin à trois heures et demie à palabrer chez le roi qui, ayant reçu de nombreux cadeaux de la part des Anglais, ne décide rien ; il se contente de me donner son premier ministre, lequel règlera la question sur place demain à Ibi.

Je devais perdre mon procès devant le roi ; malgré toutes ses protestations d'amitié, il dit que les Anglais garderont le terrain qui leur a été livré, parce qu'ils ont donné beaucoup de cadeaux.

Je fais contre mauvaise fortune bon cœur, et à une heure nous partons pour Outché-bou-hou, où nous arrivons à quatre heures.

Le 17 octobre, nous partons d'Outché-bou-hou et arrivons à Loko à dix heures le lendemain, et à Lokodja le 19 octobre.

Le voyage de Lokodja à Ibi a donc duré quinze jours, pendant lesquels nous avons navigué cinquante-six heures et demie en remontant le courant et vingt-cinq heures et demie en le redescendant.

Le bateau a filé de cinq à six milles à l'heure en remontant et environ le double en redescendant ; d'où j'en conclus qu'Ibi doit se trouver à peu près à deux cent quatre-vingt-cinq milles du confluent de la Bénoué.

M. Viard a publié un ouvrage en 1885, qui a pour titre : *Au bas Niger*.

L'auteur prétend être allé à Ibi du 8 au 31 août avec la

chaloupe à vapeur *Amélie*, commandée par le mécanicien nantais, M. Mouillet, « homme très capable », dit-il.

Je ne relèverai pas les nombreuses erreurs contenues dans cet ouvrage.

M. Viard, en le publiant, n'a pas songé que sa correspondance se trouve à la direction de Paris, où j'ai dû en prendre connaissance pour le service; or, le 15 août 1880, M. Viard se trouvait à Brass, sous les ordres de M. Lissenski, et c'est ce jour-là que, dans son ouvrage, il tue un aigle *perché sur un arbre*, dans la Bénoué, etc.

De plus, la chaloupe *Amélie* est passée sous mes ordres, avec le personnel, en février 1881, et je sais à merveille que cette pauvre chaloupe, que j'ai vendue pour 1,000 francs, ne filait que deux ou trois nœuds à l'heure, tellement sa machine était usée; elle était trop petite pour pouvoir porter sa provision de charbon et encore moins son approvisionnement en bois. Il aurait fallu relâcher dix fois par jour pour faire du bois tout le long des rives, jusqu'à vingt milles en amont de Loko, car au-dessus, les rives de la Bénoüé ne sont pas boisées.

Quant à Mouillet, son compagnon de voyage, le seul agent qu'il cite dans son ouvrage, sans parler de nos morts qui avaient de la valeur, Mouillet, dis-je, que M. Viard offre au public comme un mécanicien capable et instruit, n'était qu'un chauffeur, engagé comme tel, ne sachant ni lire ni écrire et ne pouvant même pas signer son nom. J'ai dû le renvoyer pour des faits que je n'ai pas à raconter.

Il est vraiment malheureux que des voyageurs, dans le but de se faire valoir, inventent ainsi des histoires qui, dans certains cas, peuvent nuire à la science.

M. Viard n'est malheureusement pas le seul qui soit dans ce cas et il serait bon que, de temps en temps, on rappelât à la vérité les explorateurs de fantaisie.

Je considère que la sincérité, dans les récits de voyage, a un mérite supérieur à l'art de bien écrire des fantaisies.

CHAPITRE III

Un voleur qui fait arrêter sa victime

'est le consul de Sa Majesté Britannique, qui m'apprit, à Lokodja, que mon agent Bennett avait enfoui dans un silo, à Loko, une grande quantité d'ivoire dans le but de se l'approprier.

M. Mac-Intoche, qui était présent lorsque M. le Consul me fit cette confidence, et qui avait de légitimes griefs contre le roi Amadou et contre Bennett, me proposa de nous allier pour bombarder Loko : « D'ailleurs, me dit-il, jamais le roi ne vous permettra d'enlever Bennett, pas plus qu'il ne me l'a permis, le jour où cet agent infidèle a été accusé de vol au préjudice de ma Compagnie. »

Mon opinion, et celle des directeurs, étant que le commerce ne doit pas se faire à coups de canon (mes instructions étaient précises à cet égard), je remerciai M. le Consul d'avoir bien voulu me renseigner sur Bennett, et je répondis à M. Mac-Intoche, que j'espérais obtenir l'arrestation de cet agent, sans faire parler la poudre.

Dès le lendemain, je conçus le plan suivant, qui devait parfaitement réussir, grâce à l'énergie de mes agents, MM. Mattéo Matteï, Robin, Leroux et Riédinger.

Ces quatre intrépides partirent de Lokodja avec le vapeur *Noupé*. Arrivés à Loko, ils achetèrent le roi Amadou par la promesse de lui donner un tiers de l'ivoire volé; le deuxième tiers fut promis à Abbegga, chargé de négocier l'arrestation de Bennett; enfin, l'autre tiers devait rester à la Compagnie, qui faisait l'énorme sacrifice des deux premiers tiers.

Tout se passa comme nous l'avions prévu; après de nombreux pourparlers, le roi finit par nous abandonner Bennett.

Il fut garrotté, conduit à Egga, et remis entre les mains de M. Mac-Intoche, qui resta stupéfait de notre succès. Les agents français se conduisirent dans cette circonstance avec habileté et énergie. Je tiens publiquement à leur rendre justice.

Malheureusement, deux de ces braves garçons ne sont plus : Robin et Mattéo. M. Robin était mon ami; il m'avait été recommandé par ses deux frères, dont l'un, l'aîné, est professeur au collège de Vaugirard (1), et le cadet est vicaire à l'église Saint-Lambert, à Paris.

Robin ayant pris à Paris ses inscriptions en médecine, M. le directeur Desprez avait bien voulu l'engager comme pouvant nous être très utile, à cause de ses connaissances médicales.

En effet, ce brave ami, non seulement se multipliait pour donner ses soins aux malades, mais il était en même temps un agent des plus actifs et des plus dévoués.

L'acte suivant suffit à le dépeindre tout entier :

Lorsque le vapeur *Adamaoua* sombra, dans une collision, près de Lokodja, le jeune Edouard Robin se trouvait à bord.

---

(1) Au moment où j'écris ces lignes, j'apprends avec douleur la mort de ce très cher professeur.

M. le Docteur ROBIN,
décédé a Loko (Bénoué) 1883.

Il organisa immédiatement le sauvetage avec un sang-froid qui étonna tout le monde ; grâce à lui, personne ne périt dans ce naufrage, et les munitions, une grande partie des marchandises et les canons du navire furent sauvés ; c'est lui qui mit pied à terre le dernier.

Sa belle conduite dans cette circonstance lui valut sa nomination de chef de district à Loko, où malheureusement il fut emporté par une fièvre pernicieuse.

Quant à Mattéo, il était toujours partout où il y avait un danger à courir. Si on s'échouait, il se mettait le premier à l'eau, pour donner aux Kroumen l'exemple du mépris des caïmans, qui pullulent dans le fleuve.

Fallait-il aller en exploration dans une crique ? Mattéo se jetait dans une pirogue, et à la tête de douze ou quinze Kroumen, il allait à la recherche du caoutchouc ou d'autres produits exotiques, en exécution des instructions de la direction de Paris. Cette existence pleine de dangers lui plaisait ; mais elle devait fatalement le conduire à la mort. Le pauvre garçon fut atteint d'une fièvre bilieuse à Lokodja, pendant une inspection ; il eut à peine le temps de redescendre à Brass, où il rendit le dernier soupir, entre les bras de son oncle, M. le capitaine Cacciguerra, agent principal de la Compagnie. Quelques jours après débarquait, dans cette factorerie, le jeune frère de Mattéo. Quelles scènes déchirantes et quelles poignantes douleurs !

Je dois aussi rendre un grand hommage à la mémoire de mon vieil ami, le commandant Camille Quinemant, qui a rendu de réels services à la cause française au Bas-Niger et à la Compagnie équatoriale, qu'il espérait voir se transformer en une Compagnie aussi puissante que fut celle des Indes sous Dupleix ; mais malheureusement tous ses efforts n'ont pu prévaloir contre la maudite routine ; il est rentré désolé en France, comme ses autres compagnons, avec la conscience d'avoir fait le possible et l'impossible pour la prospérité de la Compagnie et le triomphe de ses idées patriotiques. Le gouvernement d'alors lui confia immédiatement une mission à la côte occidentale d'Afrique, entre le Sénégal et les bouches du Niger, d'où il revenait ; mais, hélas ! il fut mortellement frappé par le climat meurtrier avant d'avoir pu terminer son œuvre. Lui, qui avait été épargné sur de nombreux champs de bataille : en Afrique, en Italie et en Cochinchine, est allé chercher la mort sur un champ de bataille autre que celui réservé aux soldats. Sa femme, son fils et son frère, colonel en retraite, qui s'est distingué à la gorge de Malakoff, en Crimée, peuvent être fiers ; leur cher Camille n'est pas mort, il a été tué au champ d'honneur.

Je manquerais à mon devoir, si je passais sous silence la mort des autres agents, jeunes et pleins d'avenir, qui ont accouru au Niger, avec l'enthousiasme qu'ils auraient montré à la frontière ; citons : Dufresne, Clairembault, Fourtier, Muiron, de Busserolles, Gigney déjà *nommé*.

Nous avons eu aussi M. Ardin d'Elteil, qui est mort à la côte orientale, conséquence de son trop long séjour dans les colonies.

Après avoir cité les morts, il est juste de dire deux mots des rares survivants qui se sont distingués dans cette entreprise.

M. Leroux, dont il a été déjà question et que je regrette d'avoir perdu de vue, a été vaillant, honnête et dévoué. Il est reparti, je crois, pour le Congo, comme agent de la Compagnie Daumas-Béraud et Cie ; ses directeurs peuvent compter sur lui.

L'intègre M. Demery, de Marseille, a été un agent principal de premier ordre ; il avait été sergent-major d'infanterie de marine en Cochinchine. Habitué à vivre dans les colonies, il se moquait du climat comme d'une guigne. Il avait fait ses premières armes dans la Compagnie Cyprien Fabre, où il a laissé les meilleurs souvenirs.

Si tous les agents blancs qui se trouvent à la côte d'Afrique étaient aussi consciencieux que M. Demery, les Compagnies prospéreraient au delà de toute espérance.

Le capitaine Cacciaguerra, commandant de l'armée territoriale, a fait preuve de bon administrateur et de beaucoup

Le Commandant QUINEMANT.

de courage lors d'un échouement dans le delta du Niger, qui a failli coûter la vie à lui et à ses hommes ; c'est grâce à son sang-froid et à son intelligence qu'il a pu se tirer d'affaire.

Parmi les noirs qui ont été employés dans la Compagnie française équatoriale, c'est le capitaine Palmers qui a paru le plus zélé et le moins hostile à la cause française.

Je lui ai entendu dire en anglais : je suis dévoué au pavillon qui me paye.

Revenons au funeste Bennett, que nous avons laissé à Egga entre les mains de M. Mac-Intoche.

Celui-ci le fit enchaîner et conduire à Brass ; là, les agents anglais, toujours très pratiques, s'aperçurent bien vite que ce parasite était un embarras pour eux. Aussi le lâchèrent-ils après un semblant de jugement.

Mon infortuné ami, Quinemant, s'empara de Bennett et le fit enfermer, avec l'intention de l'envoyer au Gabon pour y être jugé par les autorités françaises ; mais le prisonnier parvint à gagner, grâce au secours de ses compatriotes, la ville de Free-Town (Sierra-Leone), son pays natal, où m'arriva l'aventure suivante :

Le 10 mars 1883, c'est-à-dire quelques mois après les événements qui précèdent, me trouvant à bord du steamer *Coenza*, où j'avais pris passage pour Liverpool, nous mouillâmes dans le port de Sierra-Leone. A peine avions-nous jeté l'ancre que les gendarmes noirs, indigènes, sur une plainte de Bennett, vinrent m'arrêter à bord.

Les lois anglaises sont ainsi faites, que le voleur peut faire arrêter sa victime ; la victime a ensuite recours contre l'accusateur.

Les officiers du bord et tous les passagers anglais voulurent m'accompagner sous forme de protestation.

Arrivés à terre, le capitaine du *Coenza*, M. Weith, m'offrit le bras et ordonna aux gendarmes de se tenir à distance ; tous ces messieurs m'escortèrent jusqu'au parloir de la prison ; le capitaine, avant de me quitter, me donna sa parole, qu'il ne partirait pas sans moi. Ils se rendirent, en corps, chez M. Barreste, vice-consul de France, qui vint me voir avec M. Dalmas, français notable de Free-Town, et tous ensemble firent une démarche auprès de Son Excellence le gouverneur, qui donna l'ordre de me mettre en liberté, en me faisant promettre toutefois, de me présenter devant le juge à mon retour de France. M. le vice-consul Barreste donna l'assurance que je tiendrais ma parole.

Toutes ces démarches durèrent jusqu'à deux heures après minuit, heure à laquelle nous pûmes enfin regagner notre steamer, pour repartir à toute vapeur.

Quelques jours après cette désagréable aventure, au moment où nous arrivions en vue de Madère, un jeune Anglais, M. Hiver, expirait dans sa cabine, à côté de la mienne, d'une fièvre pernicieuse qu'il contracta dans cette maudite nuit, du 10 au 11 mars.

Sa jeune femme qui l'attendait à Madère, vint à bord avec sa petite fille ; elles montèrent l'échelle, heureuses toutes deux, de se jeter dans les bras de leur cher voyageur. Hélas ! elles ne trouvèrent qu'un cadavre dans une baignoire. Je renonce à décrire cette scène, elle est de celles qu'on n'oublie pas !

A mon arrivée à Paris, j'appris que M. Dalmas était mort, presque subitement, à Free-Town, et que la rumeur publique accusait Bennett de l'avoir fait empoisonner. Le domestique de M. Dalmas, un noir qui disparut pendant l'agonie de son maître, sans même demander ses gages, était, disait-on, l'auteur du crime. La famille Dalmas est convaincue que Bennett s'est vengé parce que celui-ci m'avait prêté son concours dans cette fâcheuse circonstance.

A mon retour au Niger (environ deux mois après les faits précédents), j'ai débarqué à Sierra-Leone, où le juge prononça mon acquittement et on me fit des excuses.

Avant de me réembarquer, j'ai déposé une plainte contre Bennett et je ne me suis plus occupé de lui.

Aujourd'hui cet affreux homme ose demander des dommages-intérêts à MM. les Directeurs de l'ancienne Compagnie française de l'Afrique équatoriale.

Nous l'attendons !

M. DEMERY, Agent principal de la Compagnie française de l'Afrique équatoriale.

M. GIGNEY, Chef de la factorerie d'Onitcha,
décédé a sa rentrée en France (1885).

CHAPITRE IV

Commerce

'ENVISAGEANT les colonies qu'au point de vue de l'intérêt économique, industriel et commercial de la France, nous exprimons le regret de voir des hommes, occupant des situations considérables, user de leur influence pour développer, dans l'esprit public, des idées anticoloniales.

Est-ce que l'histoire de tous les pays et de tous les temps ne nous montre pas suffisamment que la prospérité des grandes nations s'est toujours mesurée à la puissance de leurs colonies ?

On se perd vraiment en conjectures, lorsqu'on entend des hommes de grande valeur critiquer avec véhémence l'expédition du Tonkin et marcher sur les traces des égarés qui nous firent perdre les Indes, le Canada, et qui poussaient la France vers l'abandon de l'Algérie, au commencement de la conquête.

Quel est donc le rôle qu'ils réserveraient à la Patrie, s'ils étaient maîtres de ses destinées ?

Ce sont ces personnes, qui émettent les idées suivantes :

Les capitaux nous manquent.

Nous n'avons pas la hardiesse des Anglais, ni celle des Espagnols et des Portugais d'autrefois. Nous ne savons pas coloniser.

Les Français n'aiment pas à s'expatrier.

Il ne faut pas éparpiller les troupes, etc., etc.

Il n'entre pas dans le cadre de cet humble chapitre, de répondre à toutes les erreurs et à toutes les hérésies qui se débitent sur cette question coloniale.

Nous pouvons cependant dire ce que tout le monde sait, à savoir, que les capitaux ne manquent pas en France ; que des jeunes gens, amateurs d'entreprises hardies et possédant toutes les qualités désirables à l'émigration, existent aussi bien chez nous qu'en Angleterre.

Il est vrai que les Français n'aiment pas à abandonner définitivement leur pays ; mais en cela, ils ont parfaitement raison ; ce sentiment fait honneur à la France et honore aussi les Français ; mais qu'on ne dise pas que les Français ne sont pas colonisateurs, et qu'ils n'aiment pas aller chercher fortune aux colonies ; ce qui leur manque, c'est : « *le mouvement d'en haut !* »

Je n'entends pas, par ces mots, critiquer le Gouvernement, que je sers avec respect et fidélité ; je vise les hommes dont je parlais tout à l'heure et qui ne veulent pas entendre parler des colonies ; je vise cette partie de la presse, qui agit puissamment sur l'opinion publique et qui la dirige dans le sens anticolonial ; qui, au lieu de chercher à faire naître dans le cœur de tous les Français ce feu sacré qu'on a trouvé, naguère, si ardent dans le cœur des Portugais, jette le discrédit et le découragement dans toutes les entreprises coloniales ; cette façon d'agir est un acte de lèse-Patrie.

L'empire des Indes, qui a commencé par un comptoir, n'a pas demandé beaucoup de troupes nationales à l'Angleterre ; c'est par le commerce que s'est formé ce vaste empire, qui aurait pu être français, sans les idées des hommes néfastes de la catégorie de ceux dont je parle. L'Afrique doit, comme l'empire des Indes, être conquise par le commerce, les noirs du Soudan ne demandant pas mieux que de nous ouvrir leurs portes ; malheureusement les Européens auront à compter avec un ennemi implacable, qui leur créera de grands embarras, j'ai nommé l'Arabe.

Néanmoins, la France a besoin, comme les autres nations, de chercher au dehors l'écoulement de ses produits manufacturés.

Dans la troisième partie, relative au Dahomey, nous reviendrons sur cette question coloniale ; pour le moment, voyons ce qu'est le commerce au Bas-Niger et à la côte occidentale d'Afrique.

Le commerce au Niger, comme dans toute l'Afrique centrale, se fait au moyen d'échanges ; on troque ceci contre cela, mais selon certaines règles conventionnelles, que nous allons examiner.

La monnaie n'a pas cours ; elle est remplacée par de petits coquillages, appelés cauris, qui proviennent de Madagascar ou de Manille.

Les manilles sont plus recherchés, parce qu'ils sont plus petits.

40 cauris valent un *string* (environ un sou).

50 strings valent un *head* (ou piastre).

10 heads valent un *bag* (sac), soit 20,000 cauris.

Dans le Bas-Niger, un sac de petits cauris vaut six mesures ; il ne vaut que quatre mesures lorsqu'ils sont grands. La mesure est l'équivalent de 8 gallons d'huile de palme, qu'on nomme aussi un boisseau ; le gallon vaut quatre litres et demi. Un sac de sel fin, pesant vingt-sept kilos et demi, c'est une mesure.

Un fusil à pierre vaut une mesure et demie ; dix matchetz (serpettes) valent une mesure.

Un gros baril de poudre de vingt livres anglaises, vaut une

mesure et demie; un petit baril de poudre, pesant dix livres anglaises, égale 3/4 de mesure.

Vingt têtes de tabac en feuilles, pesant un kilo et demi, valent une mesure.

Une grande dame-jeanne de rhum, contenant quatorze litres, ou bien deux petites de six litres, valent une mesure; dix barres de fer, trois mesures. Une caisse genièvre (ou gin) de douze bouteilles, vaut deux mesures.

Une marmite en fer vaut une, deux ou trois mesures, selon sa grandeur.

Une douzaine de cuvettes, deux mesures.

Deux douzaines de bols, deux mesures.

Trois douzaines d'assiettes, deux mesures., etc., etc.

Le tableau ci-joint donne approximativement le prix des vivres :

PRIX COMPARATIFS DES VIVRES
ENTRE
ONITCHA et LOKODJA

On achète :	à Onitcha *pour*	à Lokodja *pour*
2 poissons du Niger pesant environ 3 kilos.	3 bouteilles gin (1) et une tête de tabac (2).	1 bouteille de gin. 1 bol.
25 ignames.	7 ou 8 bouteilles de gin, ou bien : 15 ou 16 têtes de tabac, un bol, une petite glace.	5 bouteilles de gin et un plat.
Une petite dame-jeanne de vin de palme (7 litres).	3 têtes de tabac. 1 plat.	1 tête de tabac. 1 petit miroir.
1 petit poulet.	1 bouteille de gin et 2 têtes de tabac.	1 bouteille de gin.
1 canard.	2 bouteilles de gin ou 4 têtes de tabac.	1 bouteille de gin. 1 bracelet. 1 petite glace.
1 petit mouton (chèvre du pays).	8, 9 ou 10 bouteilles de gin, selon la grosseur du mouton; ou 16, 18 ou 20 têtes de tabac. Ou bien un sac de sel et 2 bouteilles de gin.	La valeur de 10 schellings de marchandises au choix de la traitante.
Une corde de bois (1 mètre cube environ).	6, 7 ou 8 bouteilles de gin, ou têtes de tabac, ou un sac de sel.	4 ou 5 heads cauris; le head vaut 2,000 cauris. — On l'appelle aussi piastre.
6 ananas.	1 bouteille de gin.	1 plat et un miroir.
1 régime de bananes	2 bouteilles de gin.	1 bouteille de gin. 1 bol.

(1) Gin ou genièvre.
(2) Quinze têtes de tabac en feuilles pèsent un kilo.

Tous les prix ci-dessus ont souvent varié, selon l'activité de la concurrence. Aujourd'hui que la Compagnie anglaise est seule à exploiter ces riches pays, les indigènes doivent regretter fortement le départ des Français.

Les produits principaux que l'on exporte sont, dans l'ordre de leur importance :

L'huile de palme, le beurre végétal (chabota), l'ivoire, les amandes de palme, le caoutchouc, le sésame, le coton, les peaux, la potasse; à ces produits, nous pourrions ajouter les suivants, qu'on exploitera quand on le voudra :

L'arachide, la gomme (sève de l'acacia gommier), le café, la canne à sucre, le tabac, l'indigo, les peaux d'animaux sauvages et principalement des caïmans et des hippopotames, les plumes d'autruche, d'aigrette et d'autres oiseaux au joli plumage, la soie végétale, les pagnes de coton, les bois pour la construction et la teinture, le ricin, le riz indigène qui pousse presque naturellement, etc.

Lorsqu'une traitante (ce sont les femmes qui s'occupent du commerce) apporte beaucoup d'huile dans une factorerie, cette huile est mesurée par un agent noir, appelé compteur, qui est muni de brocs, de la contenance de huit gallons, équivalant chacun à une mesure. Les traitantes, en échange du nombre de mesures d'huile qu'elles livrent, demandent des tissus, des foulards, du sel, du corail, des perles, etc. Leur désir est d'avoir le plus grand nombre d'articles différents.

L'agent, chef de la factorerie, aidé de son commis, établit un calcul, basé sur le prix des factures, et dit à la traitante : « Tu m'as donné tant de mesures d'huile, il te revient le même nombre de mesures en marchandises, choisis », et, au moyen de tarifs qui sont connus de tous, la liquidation n'est plus qu'une affaire de temps. Malheureusement, comme le temps, chez les noirs, n'entre jamais en ligne de compte, les traitantes, dont il faut ménager les caprices, passent des heures entières à examiner les marchandises de toutes sortes, avant de fixer leur choix.

Il est risible de les voir, par moments, rester indécises

entre deux articles, regardant, tour à tour, les marchandises et les visages des assistants, comme pour lire dans les yeux, l'avis de chacun.

Tous les articles imaginables sont commerciables ; des occasions permettent d'échanger tous les effets, neufs ou vieux, que l'on trouve sur les marchés et dans tous les bazars d'Europe.

Néanmoins, la traite journalière, celle que l'on fait avec esprit de suite, le vrai commerce enfin, ne porte que sur des marchandises déterminées, qui s'écoulent journellement, telles que : les tissus (indiennes de couleurs voyantes et de toutes sortes) ; des foulards, des velours, des madras, du corail, vrai ou faux, sel fin, tabac en feuilles, des fusils à pierre, de la poudre, du genièvre, du rhum, des barres de fer et de cuivre, des marmites en fer, des couteaux, des bracelets et de la verroterie, des miroirs, de la faïence et des cauris.

L'huile de palme est le produit du fruit de l'avoira de Guinée. On l'extrait, par expression, de la pulpe charnue et fibreuse d'un jaune doré qui enveloppe la noix dudit palmier ; le fruit est de la grosseur d'un œuf de pigeon.

L'huile est solide, d'une couleur jaune orangée, sa saveur est douce, avec un léger goût d'iris. Elle rancit vite et fond à 29° centigrades ; alors, elle est très fluide, d'une couleur orangée foncée, et filtre facilement au travers du papier. Tout à fait insoluble dans l'eau froide ou bouillante, elle est soluble dans l'alcool à 40° et en est précipitée par l'eau.

Elle sert à faire du savon, à graisser les machines ; à la côte d'Afrique, on la mange avec du poisson, de la viande, du riz et des ignames.

Les amandes de palme sont les noyaux du *dindé* (ou fruit du palmier) ; elles s'achètent au poids ou au boisseau ; un boisseau d'amandes pèse de vingt-cinq à vingt-sept kilos, selon qu'elles sont plus ou moins humides ; on les a quelquefois achetées à raison de 10 à 12 francs les cent kilos. A Liverpool, elles se sont vendues de 30 à 35 francs les cent kilos ; les prix sont très variables, tant à la côte que sur les marchés de Marseille et de Liverpool.

Les amandes donnent une huile liquide, plus fine que celle du fruit ; nous nous en sommes souvent servis pour alimenter les machines de nos steamers, lorsque nous manquions d'huile d'Europe.

Le *chabota* (beurre végétal) et l'ivoire s'achètent dans le Niger moyen et dans la Bénoué. Le chabota vient à profusion dans le pays ; l'ivoire est apporté de très loin par les caravanes.

Examinons ces deux produits, qui sont d'une réelle importance.

Egga et Chonga sont les pays du chabota par excellence ; nous avons parlé, dans le chapitre relatif à la faune et à la flore, de ce beurre végétal, que fournit le karité et qui est une véritable richesse pour le pays. Les femmes l'apportent dans des pots en terre, et le vendent au poids ; le prix moyen est de une livre et demie de sel fin (ou un article équivalent comme prix) contre une livre de chabota.

Pour 150 francs de marchandises (majorées), on obtient facilement une tonne de chabota.

A cause de la position de confiance que j'occupais, j'ai été seul initié aux mystères de cette majoration ; on comprendra dès lors que je m'abstienne de donner à ce chapitre tout le développement qu'il pourrait comporter.

Les factoreries d'Egga, de Chonga, étant bien approvisionnées en marchandises, on pouvait facilement, à cette époque, durant les deux bonnes saisons qui existent pour cet important commerce, acheter trois tonnes de chabota par jour. Les Anglais en obtenaient environ le double.

Aujourd'hui qu'ils ont pour ainsi dire le monopole, ils doivent facilement se procurer dix ou douze tonnes par jour et faire de très gros bénéfices.

A l'appui de ce qui précède, je puis citer le cas suivant, parce qu'il s'est produit sous mes yeux.

En 1885, au commencement des hautes eaux, je suis arrivé à Chonga, avec un chargement d'environ 18,750 fr.

de tissus de toutes sortes. En moins de neuf jours, il ne restait plus en magasin une seule pièce d'indienne.

Le premier jour, le chef de factorerie acheta trois tonnes et demie de Chabota.

Le deuxième, quatre tonnes et demie; le troisième, deux tonnes, et le quatrième, cinq tonnes et demie; telle a été la vente continuelle, jusqu'à la dernière pièce de tissu. Le troc n'a cessé que faute de marchandises.

Les prix suivants étaient à peu près constants, pour l'achat du chabota:

Une caisse de douze bouteilles de genièvre, 12 fr. 50.
Une grande dame-jeanne de rhum, 18 fr. 60.
Une petite dame-jeanne de rhum, 9 fr. 30.
Un sac de sel, 18 fr. 60.
Un grand couteau, 1 fr. 24.
Un petit couteau, 0 fr. 62.
Une douzaine de miroirs, 6 fr. 20.

La vente des fusils et de la poudre est formellement interdite à Chonga, par les ordres du roi Moleki, qui craint le soulèvement des païens.

Autres Produits de Chonga et d'Egga

Une peau de bœuf coûte 1 fr. 24 en marchandises majorées.

La pierre de potasse, pesant de quatre-vingt-dix à cent livres, s'achète au prix de 35 centimes la livre.

La potasse en poudre ne vaut que 28 centimes la livre.

Les pagnes existent en grande quantité; ils arrivent d'Ilorin, où nous pourrions aller par le Dahomey. Le prix des pagnes ordinaires est d'environ 9 francs.

La Compagnie anglaise achète des vêtements complets du pays, sur lesquels elle gagne beaucoup, et elle les revend ensuite dans la Bénoué, où elle gagne encore plus, en les troquant aux caravanes contre de l'ivoire.

Les perles supérieures et ordinaires sont aussi en faveur.

A Chonga :

Un bœuf vaut 75 francs en marchandises.
Un bon cheval 450 francs en marchandises.
Une corde de bois, 4 fr. 85.
Une dinde, 3, 4 ou 4 fr. 50.
Un canard, de 1 fr. 85 à 3 fr.
Une poule, 50 centimes.
Douze œufs, 30 centimes.
Un mouton ordinaire, 9 francs.
Un litre de lait, 60 centimes.

Le commerce de l'ivoire demande des aptitudes diplomatiques et un tact extraordinaire.

Tous les agents ne sont pas capables de traiter avec les chefs de caravanes. Les porteurs qui arrivent ont marché plusieurs mois chargés d'énormes dents d'éléphants. Ces dents pèsent quelquefois plus de cent livres. Ils ont eu le temps, les malheureux, de mesurer la valeur de leur marchandise, aux torrents de sueur qu'ils ont versés.

Un directeur de factorerie habile doit s'arranger de manière à être prévenu plusieurs jours à l'avance de l'arrivée d'une caravane, afin d'envoyer à ses chefs des cadeaux et des compliments.

Les émissaires, porteurs des cadeaux, ont pour mission de vanter les marchandises de leurs mandataires, et de s'informer adroitement des besoins ou des désirs des divers Tippo-Tib qui ont expédié la caravane.

Ces préliminaires sont indispensables, car les négresses de l'intérieur changent souvent de mode, comme les Parisiennes, et tel article, qui était fort prisé l'année précédente, sera complètement délaissé l'année suivante, quitte à revenir en honneur plus tard.

Le fait suivant donne une idée exacte de ce que j'appellerai les surprises commerciales, qui se produisent au Soudan.

En 1880, des factoreries du Bas-Niger vendaient des quantités considérables de certains bracelets en perles noires. M. le comte de Sémellé, qui était agent général de la Compagnie, fit venir beaucoup de caisses, remplies de ces bracelets ; mais à peine furent-elles expédiées d'Europe que la mode cessa brusquement, et, lorsque les perles arrivèrent dans les factoreries, il ne s'en vendit plus une seule.

En 1883, me trouvant en inspection, dans la factorerie d'Onitcha, l'agent en chef m'apprit qu'il avait un grand nombre de caisses de perles noires, dont personne ne voulait, et il m'expliqua l'histoire de ces marchandises.

Je donnai l'ordre de les expédier dans la Bénoué et dans le Moyen-Niger, où elles se vendirent très rapidement contre de l'ivoire et du chabota ; mais le curieux de l'affaire, c'est que, quelques mois après, Onitcha et toutes les factoreries du Bas-Niger demandaient de ces bracelets. J'en conclus que le Moyen-Niger donne la mode aux habitants du Bas-Niger.

Ce petit événement, qui ne signifie rien en lui-même, renferme cependant une grande leçon.

Aux yeux de l'agent qui s'occupe exclusivement de commerce, ce fait n'est qu'un simple caprice de noir ; mais l'observateur sérieux, en le rapprochant d'autres faits semblables, découvre des indices d'engouement pernicieux pour tout ce qui provient des Arabes.

En effet, les populations du Bas-Niger non seulement copient les modes des Arabes, mais elles en prennent les mœurs, les usages, de sorte que peu à peu elles s'identifient avec l'Arabe, qui ne songe qu'à les absorber par les moyens que nous connaissons.

Ces malheureux païens du Bas-Niger marchent, sans s'en douter, au-devant de leur ruine ; heureusement nos missionnaires sont venus à temps pour les préserver de l'esclavage, et les blancs arrivent de toutes parts, pour le triomphe de la civilisation chrétienne contre la barbarie.

Revenons à notre caravane d'ivoire que nous avons laissée en tête-à-tête avec les émissaires, chargés de lui souhaiter la bienvenue. Généralement les choses se passent de la manière suivante :

Lorsque la caravane arrive dans une localité, elle dépose

son ivoire chez des amis ; les chefs parcourent ensuite les factoreries, visitent les marchandises, inspectent les balances, s'informent des prix et ne prennent aucune décision.

De leur côté, les agents, chefs des factoreries, qui sont déjà au courant, par leurs émissaires, des quantités d'ivoire qui sont entrées dans la place, et des besoins des caravaniers, intriguent pour avoir la préférence ; ils offrent de nouveaux cadeaux, font mille salamalecs aux chefs, qui, tout en se faisant héberger, observent la plus grande réserve et ne se lient par aucune promesse. Ce manège dure plusieurs jours, au bout desquels les trafiquants apportent une belle dent d'éléphant dans une factorerie, la font peser et demandent ce qu'on leur en offre en retour ; c'est le coup d'essai !

Le magasin est bousculé de fond en comble, l'agent met de côté les articles demandés ; mais le marchand d'ivoire ne les prend pas. Il se retire, emportant sa dent d'éléphant, et s'en va dans une autre factorerie recommencer la même opération. Il rentre ensuite chez lui, toujours avec la dent type, et là, il tient conseil et réfléchit.

Ce n'est que le lendemain ou plusieurs jours après, qu'il revient chercher ses marchandises, à la factorerie qui lui a fait les meilleures conditions.

Cette opération est renouvelée les jours suivants, mais sur une échelle plus grande, c'est-à-dire que le troc porte sur plusieurs dents à la fois.

Les choses se passent ainsi, jusqu'à l'épuisement complet du stock d'ivoire, les plus grandes défenses étant réservées pour la fin.

En général, les caravaniers s'arrangent de manière à contenter les divers agents, qui ont été aimables envers eux, ceux qui ont su capter leur confiance, et ils ne quittent jamais le pays sans vendre une ou plusieurs dents à chacun d'eux.

Une fois que l'ivoire et les autres produits exotiques sont épuisés, les hommes de la caravane se reposent encore quelques jours et retournent dans leur pays.

Plus une dent d'éléphant est grande, plus le prix du kilo

est élevé ; par exemple : une dent qui pèserait cent livres, vaudrait beaucoup plus que cent livres d'ivoire en plusieurs pièces ; la raison en est très simple, c'est que l'ouvrier en ivoire tirera toujours un meilleur parti d'une grosse défense que de plusieurs petites.

Les dents d'un éléphant tué sont plus recherchées que celles provenant d'un éléphant mort depuis longtemps : les premières sont désignées sous le nom d'ivoire vivant, les secondes d'ivoire mort.

L'ivoire vivant est d'une blancheur verdâtre ; le grain est plus fin que celui de l'ivoire mort, dont la couleur est d'une blancheur blonde.

Voici un tarif du prix de l'ivoire que je prends au hasard :

Dents pesant de :

1 à	9 livres,	3 fr.	75	la livre en marchandises majorées.	
10 à	19 »	5	»		id.
20 à	25 »	6	25		id.
26 à	30 »	7	50		id.
31 à	39 »	8	75		id.
40 à	49 »	10	00		id.
50 à	59 »	11	25		id.
60 à	69 »	12	50		id.
70 à	89 »	13	75		id.
90 à	100 »	15	»		id.

Les défenses sont coniques et recourbées en forme de cornes. Elles sont au nombre de deux, placées à la mâchoire supérieure de l'animal ; elles sont creuses depuis leur naissance, jusqu'à environ la moitié de leur longueur. On les nomme *morfil* quand elles n'ont pas été travaillées, et lorsqu'on met leur émail à nu, elles prennent le nom d'ivoire.

Les dents non gercées, d'un blond clair, verdâtre, sont les plus estimées ; elles blanchissent en vieillissant ; elles sont très communes en Afrique.

Celles d'Asie sont blanches, mais elles tendent à jaunir.

Celles du Sénégal, blanches ou jaunâtres, ont leurs bouts cassés et fendus à l'intérieur.

Les morfils des Indes n'ont guère qu'un mètre trente de longueur ; mais ceux d'Afrique et surtout ceux de la côte de Mozambique ont souvent près de trois mètres.

Les dents d'hippopotame fournissent un ivoire plus blanc, plus dur et plus estimé que celui de l'éléphant ; malheureusement, les dents canines de l'hippopotame ne mesurent guère plus d'un pied de longueur ; on s'en sert principalement pour la fabrication des dents artificielles.

L'ivoire calciné dans des vases hermétiquement fermés, fournit un charbon qu'on appelle noir d'ivoire ; d'un velouté fin, doux et brillant, il est très estimé des peintres.

Il est quelquefois employé en médecine.

Les agents qui achètent l'ivoire doivent avoir soin de s'assurer que l'on n'a pas glissé du plomb fondu dans le creux des morfils, afin de donner plus de poids à la dent.

CHAPITRE V

Deux mots sur les Agents et Ouvriers d'une Compagnie commerciale

A question du personnel est capitale dans une Compagnie commerciale, dont les agents et ouvriers travaillent au Soudan et à la côte d'Afrique. C'est du choix des agents surtout, que dépend l'avenir de la Compagnie. L'impulsion donnée par la direction dont le siège est en Europe, ne peut venir qu'après.

Pour le commerce intérieur de l'Afrique centrale, il faut choisir des agents blancs, bien constitués, plutôt âgés que trop jeunes. Tous les agents que nous avons perdus au Niger, étaient jeunes ; les hommes âgés ont été souvent atteints par les fièvres, mais du moins ils ont résisté.

Les premières qualités d'un parfait agent sont : l'honnêteté, la sobriété, le jugement et le courage. Un bon agent ne doit pas craindre pour sa peau ; en cela, il n'a qu'à suivre l'exemple de nos missionnaires, auxquels nous consacrons un article à part.

Si l'on doit commercer dans un pays occupé par les Anglais, il est bon de connaître la langue anglaise, d'autant plus que les agents noirs tiennent leurs écritures en anglais.

Les blancs se trouvent souvent indisposés, ils sont plutôt faits pour exercer un service de surveillance et de direction sur les noirs.

Au bord de la mer, où se tiennent les entrepôts généraux qui sont le point d'appui des opérations entre l'Europe et l'intérieur de l'Afrique, les comptables blancs peuvent parfaitement se passer du concours des noirs ; mais il n'en est pas de même pour les factoreries de l'intérieur, surtout pour l'achat de l'ivoire, de l'huile de palme et du chabota, c'est-à-dire les trois principaux produits.

La surveillance dans les factoreries est presque un art. Il ne s'acquiert qu'à force d'expérience.

J'ai personnellement compté une vingtaine de manières dont les agents noirs et les ouvriers pouvaient détourner, à leur profit, des marchandises et des produits appartenant à la Compagnie. Une surveillance de tous les instants est donc indispensable.

Une Compagnie commerciale opérant à la côte de Bénin, fera bien de recruter à Accra et à Lagos ses ouvriers (mécaniciens, chauffeurs, cuisiniers, charpentiers, tonneliers, blanchisseurs, etc.) ; mais si l'on doit commercer vers la Côte d'Ivoire ou des Esclaves, il est préférable de prendre son personnel au Sénégal.

Les bons tonneliers et les bons charpentiers voyagent avec leurs outils ; ceux qui n'en possèdent point sont ordinairement de mauvais ouvriers.

On donne généralement, pour la première année, 200 fr. par mois aux mécaniciens ordinaires, 75 francs aux charpentiers, 50 francs aux tonneliers, 100 francs aux cuisiniers et 50 francs aux chauffeurs.

Si l'on est content de leurs services, on peut augmenter la

solde des uns et des autres de 10, 20, 30 francs par mois, ou bien leur donner des gratifications.

Les blancs sont nourris, logés et blanchis; les noirs se blanchissent eux-mêmes.

La solde est payée en argent ou en marchandises ; on leur fait des avances d'environ le tiers de leur solde ; le reste est conservé à titre de cautionnement, car il faut se réserver le moyen de les punir, lorsqu'ils commettent des fautes graves.

On ne règle définitivement les comptes de chacun qu'à la fin de l'engagement.

Il est avantageux d'engager les agents et les ouvriers pour une durée de trois ans.

Avant de signer leur contrat, il est bon de leur faire subir un petit examen pratique et professionnel et de régler leurs appointements selon leur habileté.

On fait, par exemple, monter un baril par le tonnelier et on constate le temps qu'il met pour mener à bien cette opération.

On fait réparer une pirogue, construire un magasin par le charpentier, et ainsi de suite pour les autres ouvriers.

La nourriture des chauffeurs, forgerons, charpentiers, tonneliers, blanchisseurs et Kroumen, se compose de la manière suivante :

Ouvriers :

Par jour : 450 grammes de bœuf salé ou de lard.
— 500 grammes de riz.
— 30 grammes de sucre noir (cassonade).
— 15 grammes de café.
— 3 biscuits 1/2 par semaine.
— 1 tête de tabac par homme et par semaine.

Quand on n'a pas de bœuf salé, ni de lard, on donne deux morues par homme et par semaine.

Les ouvriers préfèrent le bœuf au lard et à la morue.

Lorsqu'on manque de sucre et de café, on leur donne en

remplacement une bouteille de rhum, par homme et par semaine.

Kroumen :

Un kilo de lard par homme et par semaine ; riz, 500 grammes par homme et par jour. Un petit verre de rhum tous les matins (1). Par mois, 2 livres anglaises de tabac en feuilles qu'ils troquent contre du poisson. Un pagne tous les mois. Lorsque les Kroumen ont un surcroît de travail, on leur donne des gratifications en vivres ou en pagnes.

Le dimanche est un jour de repos, pour tout le monde, sauf pour les steamers en route.

La solde des Kroumen est de 15 francs par mois, en marchandises ; ils ne sont payés qu'après leur engagement, qui est toujours d'un an. L'*etman*, c'est-à-dire le chef d'une compagnie de Kroumen, est payé à raison de 25 francs par mois et reçoit des rations de vivres un peu plus copieuses.

Nous terminerons ce chapitre par le récit suivant :

Nous avons nos aubades au Niger : de curieux concerts exécutés par de singuliers musiciens et de bizarres instruments. Ce sont les tonneliers noirs, dont nous venons de parler, qui composent l'orchestre. En effet, ce sont eux, qui, tous les matins, battent le réveil et donnent le signal de la reprise du travail. Ils souhaitent aussi la bienvenue aux blancs lorsqu'ils arrivent pour inspecter les factoreries.

Tous les matins, les dimanches et jours de fêtes exceptés, à cinq heures précises, le tonnelier met son tablier, s'arme d'un maillet et, pareil à un épileptique, se jette sur un tonneau vide, qu'il attaque vigoureusement à coups de maillet. Les coups pleuvent dru comme grêle, sur l'humble habitation de Diogène, transformée en tambour pour la circonstance.

---

(1) Dans certaines Compagnies on donne le rhum par semaine. Cet usage est mauvais, car les hommes boivent tout d'un coup et s'enivrent. Cette distribution doit être journalière.

L'enragé musicien frappe à tort et à travers et, selon que les coups portent plus ou moins près du centre de la grosse caisse improvisée, il obtient des sons plus ou moins aigus, plus ou moins variés, auxquels on s'habitue et qu'on finit par trouver presque harmonieux.

J'ai vu un tonnelier d'origine portugaise qui excellait dans cet art ; il tirait de son baril des accords merveilleux, qu'on écoutait avec plaisir, surtout lorsque les sons de l'instrument de percussion se confondaient avec le fracas du tonnerre, pendant les tornades si fréquentes au Niger.

CHAPITRE VI

Echouements

INSI que nous l'avons vu dans le cours de cette notice, la navigation dans le Niger et la Bénoué donne lieu à de fréquents échouements, principalement pendant la saison sèche.

Dans la saison des pluies, les accidents de cette nature sont beaucoup plus rares et ils ne peuvent se produire que par la négligence des capitaines ou des pilotes, quelquefois aussi par la baisse des eaux, au moment où on s'y attend le moins.

Les capitaines doivent rester à la barre, à côté du pilote et du timonier, et ne pas courir par tout le navire, lorsqu'il est en marche.

A vrai dire, pendant les cinquante mois qu'a duré ma mission, je n'ai été réellement victime que de deux échouements graves, pouvant mériter d'être rapportés.

Le premier a eu lieu le 17 octobre 1881, dans les circonstances suivantes : Nous redescendions d'Egga avec la goélette à vapeur *Adamaoua*, pour nous rendre à Brass.

Le temps était superbe, le navire glissait sans efforts et sans secousses, entraîné par la vitesse du courant et par la force d'une machine de quatre-vingts chevaux ; le pilote, debout, tenait la barre ; le capitaine Palmers, placé à côté de lui, le dirigeait par des signes. Les matelots et les Kroumen étaient occupés à la toilette du bateau pendant que je faisais ma correspondance sur la dunette à côté du capitaine et du pilote.

Tout à coup, nous sommes renversés sur le pont par une secousse épouvantable, accompagnée de sinistres crépitations et d'une pluie de branches d'arbres qui s'abat sur nos têtes. Etourdi par la chute, effrayé, abasourdi par la vue des grands arbres, sous lesquels je me vois soudainement transporté, sans savoir comment, je reste un instant stupéfait.

Au bout de quelques secondes, je repris mes sens et je pus constater que nous étions plus qu'échoués ; le navire était entré à moitié dans la forêt, en se frayant un passage à travers le taillis.

Je me relève vivement et je dis au capitaine qui était encore étalé sur la dunette, à côté de son pilote :

« — Capitaine, ce n'est pas un échouement, c'est un naufrage, duquel vous aurez à rendre compte. »

Palmers n'était pas encore revenu de son trouble ; il se relève en même temps que le pilote, il regarde autour de lui comme un homme hébété, sans trouver un mot à me répondre.

Ses yeux se portent ensuite sur le pilote, qui se tenait tout tremblant derrière la barre. Il lui saute à la gorge comme une bête féroce et cherche à le mordre, tout en l'assommant de coups de poings et de coups de pieds. J'eus toutes les peines du monde à lui arracher des mains ce malheureux.

Voici comment les choses ont dû se passer :

C'est sur un îlot, situé en face du confluent du Warri, en

NIGER. — L'*Adamaoua*, ÉCHOUÉR SUR UN ILOT, SITUÉ EN FACE DU CONFLUENT DU WARI, EN AVAL D'ABO.

aval d'Abo, que nous nous étions jetés. Cet îlot, placé au milieu du Niger, divise le fleuve en deux branches, à peu près égales et toutes deux navigables ; le capitaine et le pilote ne s'étant pas entendus à temps sur la direction qu'il fallait prendre, il y a eu confusion, indécision, manœuvre mal exécutée, et finalement désastre.

Il a fallu que la goélette fût d'une construction remarquablement solide pour résister au terrible choc qu'elle a subi ; aussi je ne laisserai pas échapper cette occasion d'offrir mes félicitations à M. l'ingénieur Dubigeon, de Nantes, qui l'avait construite en 1880.

Notre triste situation de naufragés dura cinq jours : du 17 au 22 octobre. Cinq longs jours de souffrances et même de périls, car les populations de cette partie du delta (nous l'avons dit) sont tellement sauvages, tellement cannibales, tellement hostiles aux blancs, qu'on ne peut pas établir de factoreries chez elles.

De plus, ces barbares considèrent qu'un bateau échoué devient leur propriété et qu'ils ont le droit de le piller.

Voici le récit de ces cinq jours de misère ; je copie textuellement les notes qui se trouvent sur mon agenda. Il était tombé dans le Niger au moment du choc, avec une foule d'autres objets, tels que cartes, plans, lorgnettes, etc., qui ont été entraînés par le courant. Cet agenda a été heureusement repêché par le Krouman Taillot, qui s'est jeté courageusement à l'eau et me l'a rapporté entre ses dents, comme un véritable terre-neuve.

Taillot est le plus intrépide nageur que j'aie jamais rencontré.

17 octobre 1881, lundi. — Départ d'Abo ce matin à cinq heures par un temps superbe.

Vers cinq heures trois quarts, le capitaine Palmers nous jette à terre, dans les broussailles, sur la pointe de l'île en face de Warri-Crique (rive gauche).

Aussitôt, des nuées de noirs, aux allures menaçantes, sortent des broussailles, sautent dans des pirogues et se dirigent vers nous, en toute hâte ; en quelques moments, le navire est entouré ; quelques-uns essayent déjà de grimper à bord ; M. Ardin d'Elteil, agent de la Compagnie, et M. Hamelin, second de l'*Adamaoua*, qui se trouvent à bord, veulent glisser des boîtes à mitrailles dans les canons et faire usage de leurs armes ; Palmers saute sur son revolver ; les Kroumen et les matelots s'arment de tout ce qui leur tombe sous la main ; tout le monde est affolé ; on perd plus ou moins la tête. M'apercevant que les sauvages ne sont pas armés, je donne l'ordre de les empêcher de monter à bord, mais sans faire usage d'armes et sans violence ; je monte ensuite sur la dunette et j'agite vigoureusement le sifflet de la machine.

Aux premiers sons stridents poussés par la vapeur, c'est un sauve-qui-peut général ; une panique comique se répand parmi la gent envahissante ; ceux qui étaient perchés aux flancs du navire se laissent choir, les uns dans les pirogues qui se renversent et qui sont entraînées par le courant, d'autres, manquant leur coup, tombent dans l'eau et se débattent. Deux gamins se noient et tous ces sauvages qui venaient pour nous envahir, comme une nuée de sauterelles, fuient comme des grenouilles devant un coup de sifflet d'une machine à vapeur ! Voilà bien les cannibales !

Tels sont les Dahoméens et leurs amazones !

Cruels ? Oui ! mais braves, jamais !

Ils ont fui et n'ont plus reparu.

On se met à l'œuvre pour opérer le sauvetage.

La position de la goélette est des plus malheureuses ; la proue et toute la partie de l'avant, jusqu'à la chaudière (à peu près la moitié du navire), est à terre, les branches des arbres de la forêt s'enchevêtrent par-dessus le pont. L'autre moitié du bateau est dans l'eau ; l'hélice étant libre, nous conservons l'espoir de sauver l'*Adamaoua*.

Toute la journée du 17 est consacrée à transporter les marchandises de l'avant à l'arrière, à couper les branches qui nous gênent et à faire machine en arrière en nous aidant du treuil à vapeur, pour nous tirer sur des ancres, que nous avons mouillées dans le fleuve ; malheureusement, le navire ne bouge pas plus qu'un rocher.

A trois heures, nous arrêtons le *Noupé* qui redescendait à Brass ; nous mettons à son bord toutes les marchandises de l'*Adamaoua*, y compris le charbon de réserve et les canons, nous nous allégeons de tout ce que nous pouvons et nous recommençons la même manœuvre avec l'aide du *Noupé* qui, après nous avoir amarrés, fait machine en avant, pendant que nous continuions à faire machine en arrière et à nous tirer sur les ancres.

Tous ces efforts sont infructueux ; la nuit arrive, les hommes sont épuisés par la fatigue et la chaleur, ils ont besoin de repos ; nous leur distribuons une bonne ration de rhum et ils vont se coucher.

Triste nuit que celle du 17 au 18 octobre 1881, bien que les sauvages n'aient pas reparu !

18 octobre. — A la pointe du jour, les hommes reçoivent une ration supplémentaire de biscuit et de rhum et on reprend les travaux de la veille. Toute la journée se passe en tâtonnements ; nous perdons une ancre ; deux aussières sont coupées en miettes ; une grosse chaîne en fer est brisée sans aucun résultat ; le navire s'est un peu déplacé de son axe, mais sans reculer, et, pour comble de malheur, à la nuit, un gros câble, en se coupant, s'est enroulé dans l'hélice de l'*Adamaoua*.

Heureusement que nous avons notre terre-neuve Taillot, qui se chargera de débarrasser l'hélice.

Il met son couteau entre ses dents et il plonge, après s'être attaché au navire avec une corde, qu'il s'était passée autour du corps. Au bout d'un instant, il remonte à la surface de l'eau et demande un aide, auquel il donne des instructions inintelligibles pour nous. Ils plongent en même temps, tous les deux amarrés au navire, puis remontent pour respirer quelques minutes et replonger encore ; enfin, au bout d'une heure d'efforts et de fatigue, Taillot et son compagnon sont parvenus à couper le câble. Ils reçurent un tonnerre d'applaudissements et une bonne ration d'eau-de-vie, à laquelle ils parurent plus sensibles qu'à nos manifestations enthousiastes.

19 octobre. — Le fleuve a légèrement grossi cette nuit ; l'espérance succède au découragement de la veille, puisque nous allons travailler dans de meilleures conditions.

Vers midi, nous voyons redescendre une chaloupe à vapeur à grande vitesse, c'est la *Jessie*, ayant M. Mac-Intoche à bord. Il a l'amabilité de venir nous voir et de s'intéresser à notre malheur ; il m'offre de me redescendre à Brass, avec sa chaloupe. Je le remercie, en lui disant que je compte redescendre avec l'*Adamaoua* ou avec ses épaves.

M. Ardin d'Elteil, qui souffre atrocement du foie, me demande à partir avec M. Mac-Intoche. Tous les deux disparaissent avec une vitesse de vingt milles à l'heure.

En s'en allant, M. Mac-Intoche m'a laissé un mot pour le capitaine Flinth, de sa Compagnie, qui devait passer quelques heures après, avec son steamer *Massaba*. Dans ce billet, l'agent général anglais priait M. Flinth de me prêter assistance. En effet, le capitaine me donna des pelles, des cordages, essaya pendant deux ou trois heures de nous déhaler, en secondant nos efforts, mais inutilement. Je l'ai remercié et je le remercie encore de sa tentative obligeante.

A la nuit l'*Adamaoua* s'est encore déplacée, mais sans recul ; nous avons eu aujourd'hui deux chaînes brisées, un chaumard enlevé et une grosse amarre, coupée en cinq morceaux. M. Flinth a eu une aussière coupée en deux, en nous prêtant son concours.

20 octobre. — Cette nuit, pendant ma ronde, j'ai aperçu le capitaine Palmers, seul, dans l'eau jusqu'à la ceinture, une perche à la main.

Il a passé plusieurs heures à sonder tout autour de la partie échouée du navire, fouillant la terre, arrachant les broussailles sous l'eau, creusant des trous, essayant par tous les moyens de dégager la coque du navire de tout ce qu'il croyait être une cause d'empêchement à sa délivrance.

Sa tristesse est profonde, ce qui me réconcilie un peu avec lui, car depuis notre désastre, je ne lui ai adressé la parole que pour le service.

A l'aube, nous constatons, avec terreur, que l'eau est descendue d'un demi-pied.

Les Kroumen qui se trouvent à bord ont terminé leur engagement et il leur tarde d'en finir. Je les encourage à redoubler d'ardeur, je leur promets des pagnes superbes et une bonne gratification, si à la fin du jour nous sommes délivrés.

On se remet au travail avec plus d'entrain qu'hier.

Dans la journée, il me vient machinalement à l'idée d'aller explorer le petit îlot, qui nous retenait prisonniers.

Au bout d'un quart d'heure de marche à travers les dédales des maquis, je me trouve arrêté par un ruisseau, qui allait se perdre dans l'intérieur de l'île ; une pensée heureuse me vint aussitôt à l'esprit : tirer parti de cette eau !

Sans plus tarder, je remonte le courant, j'observe minutieusement les pentes du terrain, je constate avec bonheur qu'il existe d'autres méandres, et au bout d'une demi-heure j'arrive au confluent, qui était situé à l'autre bras du fleuve.

Je reviens immédiatement à bord donner l'ordre de cesser les travaux et nous partons tous, armés de pioches, de pelles, de haches et autres instruments propres aux travaux de barrages et de terrassements.

Palmers, avec quelques Kroumen et ses matelots, est chargé d'élever un solide barrage, demi-circulaire, à l'avant de son navire, dont le dessous a été débroussaillé et creusé. Son travail doit être dirigé de manière à recevoir sous la coque du navire l'eau qui lui viendra de bâbord.

M. Hamelin, suivi du restant des ouvriers terrassiers, aura pour mission d'endiguer l'eau des divers marigots en un seul et d'aller jusqu'au confluent pour élargir l'embouchure de manière à envoyer le plus d'eau possible à Palmers.

A la nuit, tout le navire est dans l'eau, mais il ne flotte pas ; néanmoins, l'eau qui arrive avec violence du côté gauche de la proue, le fait bouger, ce qui remplit notre cœur d'espérance.

21 octobre. — Cette nuit le bateau a changé de position ; un instant nous avons cru que nous allions être entraînés ; ce matin, la proue du navire fait face au courant artificiel, ce n'est plus qu'une question d'heures, l'*Adamaoua* est sauvée !

Nous renvoyons le *Noupé* à Brass avec le chargement des deux navires, et nous gardons ses Kroumen.

Dans la nuit, il s'est produit quelques dégâts dans les barrages, l'eau s'échappe de divers côtés. MM. Hamelin et Palmers réparent les brèches. Hamelin, fier de son succès, donne à l'embouchure qui porte son nom, une largeur beaucoup plus grande. Malgré tous nos efforts, à la nuit nous ne sommes pas encore déhalés ; nous sondons et trouvons trois, quatre, cinq pieds tout autour de l'avant.

Les feux sont allumés, nous attendons avec angoisse la pression nécessaire.

Enfin, le capitaine Palmers, à six heures du soir, monte sur la dunette et commande : Machine en arrière. Le bateau fait un brusque mouvement, se déplace, tout le monde pousse un cri de joie ; mais tout à coup, à notre très grand désappointement, il s'arrête. L'hélice tourne toujours, inutilement. Au bout d'une heure d'essais on va se coucher.

22 octobre. — L'*Adamaoua* a encore bougé cette nuit ; aux premiers rayons du jour, on remet la machine en mouvement, mais sans résultat. Je vais visiter les barrages ; les dégâts sont insignifiants, néanmoins on les répare ; les Kroumen, en tête desquels se trouve Taillot, plongent à l'endroit où le navire touche et arrachent des broussailles, de la terre ; Palmers avec sa perche, qu'il n'a jamais quittée, est dans l'eau ; il est certain que le navire est retenu sous la coque par quelque branche, et le capitaine cherche cette maudite branche sans pouvoir la trouver.

Tout à coup, vers cinq heures du soir, au moment où on s'y attendait le moins, et sans que la machine soit mise en mouvement, l'*Adamaoua* se laisse glisser dans le fleuve. Nous allions nous perdre ailleurs, sans la présence d'esprit et la remarquable agilité d'Hamelin, qui s'est emparé du gouvernail, pendant que Palmers, avec sa perche, était encore dans l'eau. L'*Adamaoua* était sauvée !

MM. les directeurs de la Compagnie d'assurance maritime m'ont fait l'honneur de m'offrir, au nom des assureurs du navire *Adamaoua*, un fort joli chronomètre d'or, sur lequel ils ont fait graver mon nom et celui du navire qui rappelle l'événement.

Les remercîments que je leur adresse, à neuf ans d'intervalle, sont un devoir de reconnaissance, que je ne puis accomplir sans songer en même temps à leur exprimer tous mes regrets, que ce cher navire *Adamaoua*, sauvé en 1881, ait péri en 1882, dans une collision avec le navire anglais *White-Rose*.

Récit du deuxième échouement

L'*Iolantha*, steamer anglais, avait été mis à ma disposition, en 1884, par les directeurs de la Compagnie équatoriale, pour remonter le Niger jusqu'à Egga, approvisionner tous les comptoirs du Niger et déposer à Lokodja les marchandises affectées aux factoreries de la Bénoué. C'était un navire en fer de douze cents tonneaux et calant onze pieds. A son retour en Europe, il devait rapporter tous les produits qui se trouveraient dans les factoreries. Le 9 septembre 1884, il entrait majestueusement dans le fleuve par l'embouchure de Nun. Il passa devant Akassa ; mais arrivé à Louis-Crique, à six milles de la mer, il s'échouait vers sept heures du matin.

Prévenu par une de nos chaloupes à vapeur, que j'avais placée à cet effet en observation à Louis-Crique, je quittai Brass immédiatement avec deux navires, le *Moleki* et le *Noupé*, que j'avais gardés précisément pour parer à cet échouement que je redoutais. A peine arrivé sur les lieux du sinistre, nous accostâmes l'*Iolantha*. Le *Moleki* s'amarra à bâbord et le *Noupé* à tribord.

Peu de temps après, la Providence nous envoya un troisième bâtiment, le *Niger*, qui redescendait à Brass, venant de Chonga. Je l'arrêtai au passage et le fis amarrer fortement au *Moleki*, ce qui faisait quatre navires de front et une chaloupe à vapeur en réserve. Le travail du transbordement commence avec ardeur.

Vers minuit, une tornade épouvantable nous surprend au milieu de nos travaux. Toutes les cataractes du ciel s'ouvrent en même temps, l'eau nous inonde, c'est un véritable déluge! Le tonnerre mêle sa voix au crépitement de la pluie, sur les ponts des navires, et les forêts de palétuviers répètent avec fracas le bruit des détonations. Les grondements se succèdent avec une rapidité effrayante et se confondent avec leurs propres échos. On dirait le roulement de mille tambours battant sans relâche. (Voir la gravure.)

A ces éclats précipités du tonnerre, vient s'ajouter un tapage infernal produit par sept treuils à vapeur, qui mettent en mouvement les grues des navires. Nos bateaux barrent la rivière, comme s'ils voulaient opposer une digue à l'impétuosité du courant.

Les Kroumen, au nombre d'une centaine, travaillent avec vigueur; la sueur et la pluie ruissellent sur leurs corps nus; ils s'agitent au milieu des nuées de vapeur qui s'échappent à travers les fissures des tuyaux des appareils.

A la pointe du jour, le 12 septembre, après une suprême convulsion, la tornade s'apaise, mais la pluie tombe toujours.

Tous les pavillons français et anglais sont en berne et les funérailles d'un malheureux marin anglais décédé la veille se préparent.

Le charpentier de l'*Iolantha* a construit un cercueil qu'on recouvre d'un drapeau britannique. Le travail cesse et, au milieu du silence, tous les blancs descendent dans des canots, sous une pluie battante, pour rendre les derniers

NIGER. — L'*Iolantha* ÉCHOUÉ DANS LES PALÉTUVIERS ET ASSAILLI PAR UNE TORNADE.

devoirs au défunt. Le cimetière n'est pas loin ; le Bas-Niger n'est-il pas un vaste cimetière ?

Le canot qui porte le cercueil prend la tête du convoi, les autres suivent à peu de distance.

Quelques minutes nous suffisent pour atteindre la rive gauche; elle nous semble moins marécageuse et, par conséquent, plus propice à la triste cérémonie. Le cercueil est mis à terre, on creuse trente centimètres, mais l'eau afflue dans la fosse; on essaye ailleurs, toujours de l'eau, partout de l'eau; inutile de chercher davantage, nous déposons la bière dans l'eau. Chacun de nous a recueilli, comme il a pu, un peu de terre détrempée qu'il jette sur la fosse. Nous formons ainsi avec de la boue une tombe de quarante centimètres de hauteur, sur laquelle on place deux branches en forme de croix.

Le signe sacré de la Rédemption protège les restes de cette victime du travail. La lugubre cérémonie est terminée.

On revient silencieusement à bord pour la continuation du transbordement des marchandises, qui dura jusqu'au 14 septembre, en travaillant nuit et jour. Ce jour-là, à dix heures du matin, au moment où le capitaine de l'*Iolantha* s'ingurgitait consciencieusement quelques petits verres de gin, un cri de joie s'échappa de toutes les poitrines, l'*Iolantha* flottait, et, sous l'effort du courant, il entraînait avec lui ses petits sauveteurs français attachés à ses flancs.

Nous étions restés échoués cinq jours. Cinq jours d'angoisses et de fatigues excessives, auxquels succéda un grand soulagement pour moi, car l'*Iolantha* portait l'avenir de la Compagnie.

Chaque jour de retard nous rapprochait de la saison sèche, pendant laquelle il n'aurait été possible ni d'alimenter les factoreries, ni d'en retirer les produits accumulés depuis le commencement de l'année.

L'*Iolantha*, se trouvant renfloué, franchit immédiatement la crique, et, grâce au grand nombre de travailleurs, il put reprendre rapidement son chargement et continuer sa route jusqu'à Egga, sans autres accidents.

CHAPITRE VII

Missionnaires

Des hommes malveillants, par esprit de secte, reprochent à nos missionnaires leur manque de patriotisme. Ceux qui parlent ainsi, n'ont jamais voyagé, ou bien ils sont les ennemis de l'Évangile. Ils voudraient que les missionnaires fussent des agents politiques.

Ils voudraient les voir abandonner leur sainte mission, qui plane radieusement au-dessus de toutes les gloires, de toutes les ambitions, et prendre parti pour telle et telle forme de gouvernement. Leur rôle est plus élevé! la réserve à laquelle ils sont tenus, n'implique pas qu'ils agissent contre l'intérêt de leur pays.

Les missionnaires avec lesquels nous avons vécu ont toujours été très corrects dans leur rôle spirituel et nous ne les avons jamais vus s'immiscer dans les affaires politiques.

Il est regrettable que, dans notre pays, on soit si peu juste envers nos missionnaires qui exposent et perdent souvent leur vie dans des contrées malsaines, où ils sont les premiers à porter la liberté, l'égalité et la fraternité.

Tous ces vaillants et modestes pionniers de la civilisation travaillent sans bruit au milieu des sauvages. Nous avons été témoins de leurs efforts pour bannir l'esclavage et extirper les coutumes barbares que pratiquent ces malheureuses populations. Les ayant vus à l'œuvre, vivant de privations, et cultivant la terre, en même temps que les âmes, nous nous découvrons devant ces héros que nous sommes très fiers d'avoir servis.

Nous les saluons les premiers parmi les premiers champions de la civilisation, parce qu'ils devancent souvent le drapeau de la France pour laquelle ils savent mourir sans bruit et simplement par devoir. Ils sont les vrais précurseurs de la civilisation, dont l'Arabe est l'antithèse.

C'est l'histoire en main, et libre de préjugés, qu'il faut apprendre à connaître cette vaillante milice. Pour nous, si nous lisons les annales de tous les pays, nous voyons dans tous la bonne influence des missionnaires. N'est-ce pas à eux, en effet, que l'Europe doit d'être civilisée, et n'est-ce pas par eux encore que l'Afrique sera régénérée ?

Ces sentiments sont ceux de tous les grands voyageurs. Les explorateurs, les officiers de marine sont unanimes à reconnaître que c'est à l'influence des missionnaires que nous devons le bon accueil des populations. Si la politique les consultait plus souvent et suivait leurs conseils, elle verrait le succès couronner ses entreprises lointaines.

La réussite de ces infatigables apôtres est tout à fait surprenante. Ils ne sont ni encouragés ni soutenus par le Gouvernement. Ils ne reçoivent de lui aucun subside et néanmoins des écoles sont créées, des hôpitaux fournissent aux malades les soins et les remèdes que nécessite leur état, les jeunes gens, les jeunes filles sont élevés gratuitement et apprennent ce qu'il faut pour soutenir les luttes de la vie.

C'est par la religion et le travail qu'il faut moraliser le sauvage ; il ne suffit pas de lui apporter les produits de notre industrie, il faut encore lui apprendre à mettre en œuvre les ressources dont abonde son pays, à se servir de son intelligence et de ses bras, en un mot lui montrer qu'il est un homme. Seuls, les missionnaires ont le secret d'accomplir cette grande œuvre.

Toutes leurs missions ont des écoles pour instruire la jeunesse, des ateliers pour la familiariser avec les travaux utiles; les garçons apprennent la culture des champs, le jardinage, la maçonnerie, la cordonnerie, etc. Les jeunes filles apprennent la couture et ce qui est nécessaire à une femme de ménage.

Quand ces enfants, ainsi formés, sont en âge d'être mariés, on choisit un petit coin de terre où bientôt s'élève une case, puis deux, puis trois, les champs sont défrichés, et voilà un village à la fois chrétien et civilisé.

Or, ce que nous relatons ici, se fait non seulement en Afrique, mais dans toutes les autres parties du globe.

Ceux donc qui reprochent aux missionnaires de mettre des entraves aux progrès de la civilisation devraient d'abord connaître quels sont leurs travaux, leurs peines et leurs fatigues. Ces infatigables pionniers souvent voient détruire, en un jour, ce qu'un labeur de vingt et trente années avait eu peine à édifier; mais leur courage ne défaille point.

Quand il leur faut verser leur sang pour le succès de leur mission, ces inimitables héros n'hésitent pas à le donner.

Que de missionnaires ont semé dans le sang, ce que récoltent aujourd'hui des successeurs plus heureux !

La politique et le monde savant sont redevables à ces sublimes ouvriers d'une foule d'institutions, de recherches et de découvertes.

C'est avec les missionnaires du Saint-Esprit et du Saint-Cœur de Marie, que M. de Brazza a accompli ses grands travaux du Congo; c'est aux Pères des Missions Africaines de Lyon qu'il aurait fallu s'adresser pour la pacification du Dahomey ; c'est aux enfants de Son Eminence le cardinal Lavigerie que l'on doit en grande partie la solution du problème des Grands Lacs. Seuls, ils connaissent ces différents pays, car ils sont plus à même que les explorateurs d'étudier les mœurs et les caractères des populations avec lesquelles ils vivent continuellement.

J'ai sous les yeux un traité que passa devant moi le R. P. Poirier, supérieur de la mission de Lokodja, avec Méhou, gouverneur de la ville, représentant du roi de Bida, Moleki, pour l'établissement de la mission. Le voici :

Lokodja, 5 décembre 1884.

Entre le P. Jules Poirier, de la Société des Missions Africaines de Lyon, supérieur de la mission du Niger, et M. Mehou, gouverneur de Lokodja, agissant au nom du roi Moleki, souverain du royaume de Noupé, en présence du commandant Mattei, agent consulaire de France au Niger, et de M. Maderos, son secrétaire, il a été convenu ce qui suit :

Le gouverneur Mehou, au nom de son Souverain, cède à perpétuité, à la Société des Missions Africaines de Lyon, le terrain situé sur la rive droite du Niger, en aval de la factorerie française de l'Afrique équatoriale, à environ quinze cents mètres de la ville de Lokodja et ayant pour limites : au nord, la factorerie dite de Lhyc, actuellement cédée à la Compagnie africaine ; au sud, la ligne d'arbres, parfaitement marquée, située à environ cent mètres au sud d'un ruisseau qui coule de l'ouest à l'est ; à l'est, le fleuve Niger, et à l'ouest, le pied du mont Lokodja.

Les missionnaires pourront élever des enfants, leur donner l'instruction et les initier aux travaux d'art, d'agriculture, de plantations, d'irrigations et de construction ; ils pourront élever des bestiaux, etc.

Les Pères de la mission s'engagent à ne pas se mêler de politique et à respecter les mœurs, les usages, les coutumes et la religion établis dans le royaume du Noupé.

Le roi promet aide et protection aux Pères établis sur son territoire.

Lokodja, 5 décembre 1884.

Pour le roi Moleki,
   Signé : MEHOU, gouverneur
     de Lokodja.
Le Supérieur, signé : POIRIER.

   Signé : MADEROS,
secrétaire de l'agent consulaire.

Commandant MATTEI, agent consulaire de France à Brass, agent général de la Compagnie française de l'Afrique équatoriale.

Témoins :
Signé : Père FIORENTINI.
Père PIOLLET.

Peut-on trouver un contrat plus correct ?

R. P. Fiorentini, décédé à Lokodja, quelques mois après son installation. — R. P. Poirier, Supérieur. — R. P. Piollet, décédé à Lokodja.

NIGER. — LES PÈRES DE LA MISSION A LOKODJA.

Le monde savant doit, lui aussi, aux missionnaires des œuvres académiques réellement dignes de remarque. Les Pères du Saint-Esprit ont composé un dictionnaire pongoué-français, des grammaires en langue yolofe, fiote, etc. ; les Pères des Missions Africaines de Lyon ont également composé une grammaire en langue yoruba ; un dictionnaire yoruba-français et français-yoruba ; les missionnaires du cardinal Lavigerie ont fait des études spéciales sur les Grands Lacs, ils ont dissipé bien des doutes qui planaient sur ces régions inconnues, et ils ont enrichi les sciences géographiques de nombreuses découvertes.

Voilà des faits : je pourrais m'étendre plus longuement sur les œuvres de ces hommes précieux ; mais les limites de mon travail ne me permettent pas ces digressions. Je dirai donc seulement ce que j'ai vu accomplir sous mes yeux, par les deux Sociétés de missionnaires avec lesquels j'ai vécu : les missionnaires du Saint-Esprit, dont le Supérieur général est le R. Père Emonnet, et les Pères des Missions Africaines de Lyon, dont M. le chanoine Planque est le Supérieur général.

C'est Mgr de Marion-Brésillac qui, en 1850, fonda cette dernière Société. Elle s'accrut rapidement et elle possède aujourd'hui en Afrique de belles missions, qui comportent un territoire total plusieurs fois grand comme la France : Tantah et Zagazig en Egypte, la préfecture apostolique de la Côte-d'Or, la préfecture apostolique du Niger, celle du Dahomey et le vicariat apostolique du Bénin.

Ce vicariat est destiné à un grand avenir. Administré du reste avec habileté, il ne demande qu'à s'étendre. La population est sympathique aux missionnaires ; chaque village veut avoir sa mission et ses Pères.

Actuellement ce vicariat comporte vingt stations dont les principales sont : Oyo, Abéokuta, Tocpo, Porto-Novo, Lagos (1).

---

(1) Au moment de mettre sous presse, nous apprenons que le R. P. Lecron a fondé une mission à Quitta (Dahomey), où les indigènes attendaient depuis longtemps nos missionnaires.

A Lagos, c'est le R. P. Chausse qui est Provicaire du vicariat apostolique de Bénin. Il suffit de le nommer pour qu'aussitôt on se rappelle ses intrépides excursions.

C'est ainsi qu'en 1880, accompagné du regretté P. Holley, il partit de Lagos pour Abéokuta, visita Abgoï, Oricha, Icheri, Go-Hun, Tecpana et arriva à Abéokuta où il établit une mission ; il parvint facilement à s'attirer l'estime de toute la population et Abéokuta est aujourd'hui en plein épanouissement.

Remis des fatigues de ce long et périlleux voyage, le vaillant Père, toujours accompagné du P. Holley, entreprend, en 1884, l'exploration du pays des Yoruba. Berekudo, Escéado, Ischeim, Oyo, Ogbomacho, Fiditi, Oko, Ecruwa, etc., sont successivement l'objet de sa visite ; de ce voyage, il résulta de nombreux renseignements géologiques, historiques et géographiques sur ces pays que nul n'avait jusqu'alors explorés.

Vient ensuite le départ pour les pays du Niger ; dans ce voyage, les deux Pères ont visité Brass, ont remonté le Niger jusqu'à Bida, ont exploré Pitchy, Dapan, Ochu, Isape, Idotuluchi, Rupota, Lafiagi, Sambufun, etc., etc., sont rentrés à Lagos où le P. Holley est mort de fatigues et de privations.

La mission de Lagos date de 1868, c'est la plus belle de tout le vicariat. Grâce à l'activité des Pères, le Bénin compte plusieurs écoles où mille cinq cents enfants viennent recevoir les bienfaits de l'éducation ; il y a également des hôpitaux et deux colonies agricoles.

La préfecture apostolique du Dahomey prendrait une extension considérable, si le roi de ce pays ne commettait pas ces barbaries qui font frémir. Le jour de la fête nationale, appelée la Fête des Coutumes, ce roi se livre à des cruautés indicibles. Pendant plusieurs jours de suite, il fait planter à la porte de son palais des têtes humaines fraîchement tranchées, les arbres d'alentour sont également couverts de cadavres. Ces pauvres victimes humaines ont été affreusement torturées et ont expiré dans les plus doulou-

NIGER. — Maison de la factorerie française de Lokodja, ou est mort M. de Busseroles et ou le R.P. Poirier a célébré la première messe, en septembre 1884.

reuses convulsions. Voilà les coutumes que doivent extirper les missionnaires qui ont le courage d'habiter parmi ces barbares. Il y a plus de trente ans que ces braves travaillent à cette œuvre difficile, et ils ne peuvent parvenir à déraciner ces usages qui existent depuis deux cents ans.

Agoué et Whydah sont les deux principales stations de la préfecture : sur d'autres points moins importants sont établies des écoles qui font honneur aux Pères qui les dirigent.

J'ai moi-même assisté à l'établissement de la mission de Lokodja et je me suis rendu compte du courage de ces hommes, que l'on combat aujourd'hui avec tant d'acharnement. Je les ai vus mettre la main à l'outil, se faire, selon les circonstances, charpentiers, menuisiers, maçons ; diriger les travaux avec une étonnante habileté, et en même temps accomplir leur sainte mission de sauveurs des âmes.

Le R. P. Poirier, qui est actuellement encore le supérieur de la mission, est un homme d'une haute valeur et d'un rare courage. Il dirige ses établissements avec une sagesse consommée et a établi une station à Assaba.

Le R. P. Zappa fonda un établissement à Odeni et tenta une mission à Bida.

A Onitcha, se trouve aussi une mission très importante, dirigée par les Pères du Saint-Esprit. C'est le R. P. Lutz qui est le fondateur et le supérieur de cette belle station. Autrefois attachée au vicariat des Deux-Guinées, Onitcha est aujourd'hui érigée en préfecture apostolique.

La mission possède aujourd'hui un hôpital, une chapelle et deux écoles où quatre-vingts enfants, la plupart arrachés à l'esclavage ou à la mort, apprennent les vérités de la religion catholique. Le personnel est de cinq missionnaires et de quatre Sœurs. Voici ce que je lis dans les *Annales apostoliques* de la Congrégation du Saint-Esprit d'avril 1890, au sujet de l'arrivée des Sœurs à Onitcha. Je cite ce passage afin que le lecteur puisse juger par lui-même, combien les Pères se font aimer dans ces régions :

« Un vapeur ayant jeté l'ancre devant le village, nous envoyons un de nos enfants au port pour voir si rien n'était arrivé à notre adresse. Au bout de quelques minutes, il revient hors d'haleine, disant : « Les Sœurs, les Sœurs sont arrivées ! » Le P. Lutz se dirige aussitôt vers le steamer et quelle agréable surprise pour lui d'y trouver un Père, un Frère et quatre Sœurs de Saint-Joseph. A peine descendus, les nouveaux venus sont bien vite entourés : hommes, femmes, enfants, vieillards, tous veulent voir les femmes blanches. Ils les saluent à la manière du pays, en leur montrant le poing, voire même les deux, et leur criant à tue-tête : « Bonjour, soyez les bienvenus. »

Pour moi qui, pendant cinq années consécutives, ai vécu dans ces pays, je suis ravi de voir chez ces populations sauvages, une si grande sympathie envers les missionnaires. Mais que de travail n'a-t-il pas fallu; que de craintes, que de préjugés à vaincre avant d'arriver à un si beau résultat !

Les noirs, naturellement défiants et entêtés, ne peuvent cependant résister à l'attrait qui les porte vers ces bienfaiteurs. Voir une main délicate penser leurs plaies, entendre une voix douce leur parler avec amitié, être traités autrement qu'un vil bétail, c'est une vie nouvelle pour ces malheureux. Aussi la défiance se change-t-elle toujours en un grand amour des hommes blancs.

Ayant de la sorte pris un grand ascendant sur l'esprit de ces populations, le missionnaire parvient à enrayer ces coutumes barbares, qui, comme à Onitcha, par exemple, vouent à la mort un nombre infini d'enfants.

Quand je suis arrivé au Niger, il n'y avait encore aucune mission. Je me mis en relations avec M. le Supérieur Planque et le R. P. Poirier, accompagné des Pères Piollet et Fiorentini, partis pour Lokodja. Les RR. PP. Piollet et Fiorentini ne tardèrent pas, hélas ! à succomber sous le poids des fatigues et des privations.

Deux ans plus tard, les Pères du Saint-Esprit et du Saint-Cœur de Marie envoyèrent à Onitcha le R. P. Lutz. De la sorte, il y a aujourd'hui, tant à Lokodja qu'à Onitcha, près de cinq cents catholiques.

NIGER. — TOMBEAU DE M. MATTÉO MATTEI A BRASS-RIVER.

Je trouve cela admirable, et je n'hésite pas à rendre hommage aux RR. PP. Poirier et Lutz pour la bonne réussite de leur difficile mission.

Les missionnaires du Saint-Esprit ont établi une autre mission dans le Haut-Niger, à Kita ; la Congrégation fonde à juste titre de belles espérances sur cette nouvelle station qui, en moins d'une année, a fait de rapides progrès !

Je dois dire aussi un mot du R. P. Blanchet, provicaire apostolique de Sierra-Leone. Agé de soixante-trois ans, il dirige avec une rare présence d'esprit ce vicariat, qui comprend la station de Boffa et du Shanga, auxquelles s'ajoutait autrefois une mission à Monrovia. C'est à Sierra-Leone que se trouve le tombeau de Mgr de Marion-Brésillac, fondateur des Missions Africaines.

Je passerai sous silence les travaux gigantesques, accomplis au Congo par les Pères du Saint-Esprit ; je ne suis pas assez au courant de toutes leurs gloires pour en parler dignement ; qu'il me suffise de les saluer en passant !

Je termine ce chapitre en unissant dans un même respect et les enfants du Cardinal Lavigerie et toutes les familles religieuses qui se dévouent à l'évangélisation de ces pays barbares. Les servir a été ma gloire, les respecter sera mon honneur.

FIN DE LA DEUXIÈME PARTIE

Le Commandant MATTEI, a Lokodja, Bas Niger (1885).

TROISIÈME PARTIE

DAHOMEY [1]

'ATTENTION de l'opinion publique étant en ce moment fixée sur le Dahomey, dont les Etats confinent au Niger nous allons examiner ce qu'il y aurait lieu de faire dans ce pays au point de vue des intérêts français.

Partie historique [2]

Le Dahomey, tout le monde le sait, fait partie de la Côte des Esclaves; il compte environ cinquante kilomètres de front maritime et cent cinquante de développement vers le Nord.

---

[1] Conférence faite par M. Mattei à la Mairie de Grenoble, le 24 mars 1890.
[2] Renseignements puisés dans : *Souvenirs de voyage et de mission*, par le R. P. Laffitte ; *L'Evangile au Dahomey*, ou l'histoire des Missions Africaines de Lyon, par l'abbé E. Desribes.
Citons aussi : *Stertchley Dahomey as it is* ; les RR. PP. Chausse, Chautard et Pagnon qui ont habité le Dahomey pendant longtemps.

Au dix-huitième siècle, il comprenait trois monarchies dont les capitales étaient Whydah, l'ancienne capitale du royaume de Juda, Allada, antique Ardra, et Canna. Cette dernière était gouvernée par le roi Dà, ce qui veut dire Serpent. La capitale Allada, placée entre les deux autres sur une belle colline, était la plus importante, tant par sa position stratégique que par le nombre de ses habitants et la fertilité de son sol ; c'est encore aujourd'hui une ville considérable, bien qu'elle ait été presque détruite en 1724 ou 1725 par les Dahoméens.

On raconte qu'à la mort du roi, ses trois fils se firent la guerre, chacun d'eux voulant régner ; la fortune favorisa le plus jeune.

L'aîné prit la fuite vers le littoral, entre Whydah et Badagry. Le second s'engagea dans les marais de Cô ou Lama et se confia au roi de Canna qui l'accueillit princièrement, lui fit don d'une partie de ses Etats, et, comme il demandait toujours à son bienfaiteur des augmentations de territoire, le roi de Canna, fatigué de ses obsessions, finit par lui envoyer la réponse suivante :

« Prince d'Allada, tu es un ingrat, ton intention est de bâtir des cases jusque sur mon ventre. »

C'était là, en effet, le projet de l'aventurier. Dès qu'il se sentit assez fort pour entrer en campagne, il attaqua le roi de Canna à l'improviste et le fit prisonnier. Il fit jeter son bienfaiteur, tout vivant, dans une fosse creusée au centre de ses terres qu'on nomma Abomey.

Comme le malheureux roi l'avait pressenti, son ventre fut la première assise d'un palais dont les murs sont encore debout, et ce palais porte le nom de Dahomey (ventre de Dà), nom qui a passé à tout le royaume actuel.

Cet heureux barbare rêva de nouvelles conquêtes ; il alla surprendre son frère le roi d'Allada, lui fit subir plusieurs défaites et l'immola de sa propre main.

Tels sont les jolis ancêtres de Gléglé et de Béhanzin qui, du reste, marchent sur les traces de leurs pères.

Encouragé par ses victoires, ce nouveau Barberousse

marcha contre le roi de Whydah et, comme son armée était aguerrie, il eut facilement raison de la bande de pillards qui occupait le littoral.

Le royaume du Dahomey fut de ce fait définitivement constitué et devint une seule monarchie.

Gouvernement actuel

Le gouvernement actuel du Dahomey est la monarchie héréditaire, dans ce qu'elle a de plus absolu et de plus despotique.

Les sujets les plus élevés dans l'ordre hiérarchique, ne sont, devant le roi, que ses premiers esclaves dont il peut d'un signe faire tomber la tête, ce dont il ne se prive guère.

Il n'y a que les prêtres du fétichisme qui savent, quand ils le veulent, tenir en échec l'autorité du redouté monarque et surtout le grand-prêtre.

Dire du mal du roi, il y va de la vie.

Le premier de tous les dignitaires est le cuisinier en chef, parce que sa position exige la plus haute confiance; car, en donnant une certaine pilule à son maître, il peut l'envoyer rejoindre ses ancêtres; puis vient le méhou suprême ou ministre d'Etat; c'est celui qui a l'oreille du roi. Cependant la plus grande influence appartient à la mère du roi.

Il se dresse autour du trône une douzaine de poètes qui chantent perpétuellement la gloire de leur monarque, la force de son armée, la noblesse de ses ancêtres.

Enfin, il y a aussi à la cour un personnage qui ne paraît que de loin en loin et qui, dans certaines occasions, se fait obéir même du roi; c'est le grand féticheur.

Le roi choisit lui-même les chefs des autres villes, comme font les rois de l'empire de Sokoto; le plus important est celui de Whydah, à cause de son contact avec les blancs.

Le récit suivant du R. P. Chautard, des Missions Africaines de Lyon, le prouve suffisamment :

« La population de Whydah est acquise aux Européens.

« Les habitants, en butte aux tracasseries et à la rapacité
« des Dahoméens, souhaiteraient de pouvoir secouer le joug
« qui les opprime. Le chacha (gouverneur de la ville) nour-
« rissait le secret désir de livrer Whydah aux Européens ;
« ses desseins transpirèrent-ils, ou bien eut-il l'imprudence
« de s'en ouvrir à un des nombreux espions que le roi du
« Dahomey entretient auprès de tous ses chefs ? Quoi qu'il
« en soit, il fut mandé un beau jour à Abomey, et, depuis,
« personne ne peut dire ce qu'il est devenu.

« A son voyage à Abomey, M. Bayol logea dans la mai-
« son qu'occupait le chacha et où se trouvaient encore
« une douzaine de ses femmes. Mais le chacha avait dis-
« paru. »

L'armée

L'armée occupe la première place dans l'Etat ; les chefs exercent divers pouvoirs civils et militaires.

Elle est divisée en armée masculine et en armée féminine (les amazones).

L'armée masculine est composée, à la guerre, de quatre brigades, dont deux à l'aile droite, commandée par le Mingan, qui est à la fois ministre, préfet de police et même bourreau.

Les deux autres brigades sont à l'aile gauche, commandée par le Gaou.

Celui-ci est sous les ordres du Mingan et ne remplit que des fonctions militaires.

Ces brigades sont composées de baïonnettiers, espingoliers, chasseurs royaux, archers, etc.

Les amazones marchent avant les guerriers, sous le rapport hiérarchique ; tous les trois ans, les sujets du Dahomey sont obligés de présenter leurs filles devant un conseil de révision qui désigne celles qui sont aptes au service militaire et qui sont engagées comme officiers, soldats ou ouvriers, selon la condition de leurs parents. Il y a beaucoup de désertions.

Les amazones sont vouées au célibat, excepté celles que le roi donne en mariage aux soldats les plus vaillants ; lui-même choisit souvent ses épouses dans les rangs de son armée féminine. Leur rôle, dans le combat, consiste surtout à exciter les soldats; elles sont généralement armées de toutes sortes d'armes tranchantes.

Les Dahoméens, comme tous les noirs, combattent rarement en rase campagne ; ce sont les villages et les villes qu'ils cherchent à surprendre, et s'ils échouent dans leurs machinations, ils investissent la place, vivent sur les récoltes, s'emparent des bestiaux et des personnes qui s'aventurent au dehors, et attendent la soumission des assiégés.

Lorsque les vivres commencent à manquer, si les assiégés n'ont pas capitulé, ils livrent l'assaut. S'ils réussissent, ils tuent tous ceux qui résistent et entraînent en esclavage ceux qui se rendent.

Pendant l'action, la musique, les fétiches, les drapeaux restent dehors avec le général qui commande la réserve ; mais à mesure que la victoire se dessine dans l'intérieur de la ville, la réserve s'avance progressivement jusqu'à la place.

Le roi seul, avec une réserve spéciale, reste hors de l'enceinte où on lui envoie les armes, les drapeaux, les rameaux des vaincus, suivis des chefs et notables captifs. Finalement toute la population sort de la ville et vient se prosterner devant son nouveau maître.

L'armée victorieuse exécute alors devant le roi des danses militaires.

Si, au contraire, les assaillants sont repoussés, ils perdent la tête et fuient dans le plus grand désordre.

On ne pourrait pas citer un seul cas, où les noirs de n'importe quel pays, de tout le Soudan, aient livré deux assauts consécutifs ; s'ils sont refoulés au premier assaut, ils ne reviennent plus à la charge.

On raconte que le roi Glégle, ayant attaqué la ville d'Abéokouta, dans les Egbas, fut repoussé vigoureusement par les assiégés qui sortirent de la place et se mirent à la poursuite des fuyards.

— 180 —

Le roi Gléglé, celui qui vient de mourir, ne dut son salut qu'aux trésors qu'il répandit tout le long de la route aux soldats qui le poursuivaient ; il jeta tout ce qu'il possédait et jusqu'à ses chaussures dorées. Beaucoup d'amazones profitèrent de ce désordre pour passer à l'ennemi avec armes et bagages.

Mon honorable ami, le R. Père Chautard, qui a habité le Dahomey et qui le connaît à merveille, m'a raconté l'histoire suivante :

« Pendant la fête des Coutumes, les amazones demandè-
« rent au roi Gléglé, avec mille protestations de dévoû-
« ment, à marcher contre la ville d'Abéokouta, pour
« reprendre leur revanche.

« Gléglé leur aurait répondu : Je sais bien pourquoi
« vous me demandez à marcher en guerre contre Abéo-
« kouta ; ce n'est pas pour vous venger, mais bien pour
« déserter et passer à l'ennemi. Non, je ne vous conduirai
« plus à Abéokouta. »

Les quelques citations qui précèdent suffiront à donner une idée assez exacte de ce Dahomey, dont tout le monde parle et que, en réalité, peu de personnes connaissent.

Le plus important, en ce moment, est de savoir ce que la France devrait faire au Dahomey et comment elle devrait faire.

Nous n'avons pas la prétention de nous substituer aux hommes d'Etat qui dirigent les destinées de nos colonies ; ils voient l'ensemble de notre système colonial qui les oblige quelquefois à faire des sacrifices sur un point, pour obtenir des avantages sur un autre ; mais, comme nous l'avons dit en commençant, il faut pétrir l'opinion publique ; il faut faire passer dans l'âme de tous les Français l'amour de l'expansion coloniale, en les persuadant que c'est pour la grandeur et la richesse de la patrie.

C'est ce que nous nous proposons de démontrer.

Quelques personnes hostiles aux colonies, qui m'ont fait l'honneur d'assister à la conférence du 24 mars, m'ont demandé en vertu de quel droit nous irions empêcher les

Dahoméens de commettre, chez eux, toutes les atrocités qu'il leur plaît. Qu'importe aux Français, disent-ils, que le roi du Dahomey fasse couler le sang à flots pendant les Coutumes, qu'il permette le cannibalisme, l'esclavage et le reste ? N'est-il pas chez lui ? Permettrions-nous aux autres nations de venir se mêler de nos affaires ? Etc., etc.

Nous nous garderions d'ouvrir une discussion sur ces étranges objections si elles étaient rares; malheureusement elles ne sont que trop répandues, même dans l'armée, et s'il n'est pas nécessaire de prouver que la civilisation a des droits sur la barbarie, il est urgent d'apprendre à tous les Français que la France a été insultée par les Dahoméens, non pas une fois, mais cinquante, et qu'il est temps de nous fâcher. Remontons à la source.

Causes du conflit Dahoméen

LA FRANCE INSULTÉE PAR LE ROI GLÉGLÉ

Par un traité signé en mai 1868 et renouvelé le 19 avril 1878, le roi Gléglé abandonnait à la France le territoire de Kotonou.

Plus tard, les territoires de Grand-Popo et le royaume de Porto-Novo furent placés sous le protectorat français.

Le roi du Dahomey ne tint aucun compte du traité qui plaçait les Porto-Novéens sous la protection de notre pavillon.

Tous les ans, à l'époque des Coutumes, et plus souvent encore, le roi fait envahir le royaume de Porto-Novo par ses troupes qui pillent, tuent et amènent en esclavage des milliers de nos protégés.

La mission du docteur Bayol, lieutenant-gouverneur des rivières du Sud, eut lieu dans les circonstances suivantes : L'année dernière, les soldats du roi Gléglé ravagèrent Porto-Novo, incendiant les villages, s'emparant de tout ce qui leur tombait sous la main et amenant en esclavage de nombreux habitants.

Le Gouvernement français envoya alors M. Bayol à Abomey, avec la mission de s'entendre avec Gléglé pour délimiter le territoire de Kotonou, de mettre un terme aux invasions sur le territoire de Porto-Novo, et demander la restitution des prisonniers.

Eh ! bien, non seulement le représentant de la France essuya un échec sur toutes ces questions, mais il fut contraint et forcé d'assister avec les gens de sa suite à l'exécution des prisonniers placés sous la protection de la France. M. Bayol eut toutes les peines du monde pour rentrer à Kotonou.

La lettre ci-dessous que M. le R. P. Chautard a bien voulu me communiquer, raconte les horreurs auxquelles notre représentant a dû assister ; cette lettre est écrite par l'interprète de M. Bayol et adressée au R. P. Chautard.

Je copie, en respectant le style de l'interprète, un Dahoméen qui a été élevé par nos missionnaires.

« *Porto-Novo, le 17 janvier 1890*

« Mon cher Monsieur le R.-Père,

« J'ai l'honneur de vous envoyer ces deux lignes pour
« vous faire savoir que nous sommes rentrés de Dahomey
« (Abomey) le 31 décembre, à Kotonou, où nous sommes
« restés jusqu'au 7 janvier avant de rallier Porto-Novo.
« Nous avons séjourné à Abomey du 21 novembre au
« 28 décembre.

« M. le Gouverneur Bayol a été très fatigué en revenant,
« mais il va bien mieux à présent.

« Je crois que vous avez déjà su la mort du roi (Gléglé) ;
« il a été malade vers le 20 décembre et mourut le 30 décembre au matin, 7 heures. Son fils Koudo a été nommé
« roi aussitôt, d'après la dernière volonté de Gléglé ; si au
« contraire on avait gardé le secret de sa mort, selon

« l'usage établi, il aurait fallu au moins deux ans avant
« que Koudo montât sur le trône (1). »

« A Abomey, on tue des hommes comme des poules ; à
« peu près en quarante jours que j'ai resté à Abomey, j'ai
« calculé les têtes coupées en ma présence, de cent cin-
« quante à deux cents hommes.

« Hélas ! maintenant que le roi est mort, on tuera sur sa
« tombe des milliers d'hommes, prisonniers faits en guerre.

« La justice du bon Dieu arrivera sur eux un de ces qua
« tre matins sûrement ; le monde et l'humanité ne peut
« pas souffrir ces cruautés plus longtemps.

« J'ai été à Abéokouta, chez les Nagos ; il n'existe pas ces
« cruautés par-là, je n'ai jamais vu des choses pareilles.

« Pour entrer dans le palais du roi Gléglé, le sang
« d'homme coule comme une rivière et il faut passer de-
« dans.

« Agréez, M. le R. P., etc. »

La presse a fidèlement raconté au public les faits qui ont suivi cet événement ; la captivité de deux agents de la maison Régis, de quatre agents de la maison Cyprien Fabre parmi lesquels l'agent consulaire de France, et de M. le R. P. Dorgère, des Missions Africaines de Lyon, qui a été envoyé en mission aussitôt après sa rentrée de captivité, mission dans laquelle il aurait, dit-on, échoué.

Telles ont été les causes du conflit dahoméen.

Il serait très possible de trouver dans le passé d'autres griefs contre le roi du Dahomey ; les commerçants, les agents français de Whydah, de Kotonou et de Porto-Novo ont cruellement souffert de la tyrannie de ces barbares des-
potes ; mais, nous en tenant aux faits récents ci-dessus, nous estimons qu'il est temps d'en finir. La raison, le droit et la force sont de notre côté ! Quel est donc le Français.

---

(1) Il est d'usage au Dahomey de garder pendant une durée de deux ans le secret de la mort du roi. Tout le monde sait que le roi est mort, mais on feint de l'ignorer et le mort règne et gouverne jusqu'à l'élection du nouveau roi. Gléglé est le premier roi qui ait rompu avec cet usage.

qui ne crierait pas vengeance devant ces faits, succinctement mais fidèlement racontés?

Beaucoup de personnes qui s'occupent de colonies reconnaissent que la France a mille fois raison de s'emparer du Dahomey, mais elles font les objections suivantes :

1° Quel intérêt aurait-elle à occuper cet Etat, et que rapportera-t-il ?

2° Le Dahomey est trop éloigné ; en cas de guerre en Europe, il faudrait ou sacrifier la colonie ou disperser ses forces pour la défendre.

3° Enfin, comment débarquer à Kotonou, puisque la barre est mauvaise, que des soldats viennent de s'y noyer, et comment pénétrer dans les marais et les maquis de l'intérieur ?

Ces trois objections paraissent assez sérieuses pour qu'on les discute.

Première objection

INTÉRÊTS DE LA FRANCE DANS L'OCCUPATION DU DAHOMEY

Le Dahomey, par sa situation géographique, donne les mêmes productions que le Bas-Niger : même climat, même faune, même flore, même commerce. Il est inutile de répéter ici ce qui a été dit pour le Bas-Niger et la Bénoué.

Dans une conférence que le R. P. Chautard a faite à Lyon sur le Dahomey, le 18 mai dernier, nous relevons les chiffres suivants (1) :

« En 1888, le chiffre des importations s'est élevé à neuf millions de francs ; ces chiffres ont été empruntés au relevé officiel des douanes et extraits de l'intéressant ouvrage de M. d'Albéca, administrateur de Grand-Popo en 1888, ouvrage intitulé: *Les Etablissements français du golfe de Bénin*, page 114.

---

(1) Se trouve à la librairie Emmanuel Vitte à Lyon, 3, place Bellecour, 1890. Le bureau des *Missions catholiques*, 6, rue d'Auvergne. Prix : 1 franc au profit de la Mission du Dahomey.

« C'est donc un commerce annuel de vingt millions de francs pour Grand-Popo, Porto-Novo et le Dahomey.

« Le mouvement des navires entrés ou sortis en 1888 est de 321 et représente près de 300,000 tonnes. »

Tout ce que nous avons dit au chapitre commerce peut parfaitement s'appliquer au Dahomey ; l'huile du Dahomey est très renommée. En 1888, on en a exporté pour onze millions de francs.

D'après ce qui précède, la possession du Dahomey ouvrirait à la France d'énormes débouchés commerciaux et le pays fournirait à nos colonies des soldats, des marins et des travailleurs indigènes, comme ceux que l'Angleterre utilise avec avantage dans ses colonies.

De plus, la possession du Dahomey nous ouvrirait, par le nord, la *route des Sables*, que le traité anglo-français nous a livrés... généreusement, a dit Stanley !

Jusqu'ici j'avais écrit et dit dans diverses conférences que, par le Dahomey, nous aurions pu atteindre le Niger moyen ; mais, à présent que toute cette belle partie de l'Afrique est anglaise, en vertu du traité anglo-français, j'ai dû modifier ma pensée et ma phrase. Il faut dire : les Anglais ont eu en partage les provinces très peuplées, habitables, exploitables, cultivables, possédant des cours d'eau navigables, enfin la partie riche du pays. Ils ont bien voulu nous laisser une grande partie du Soudan, depuis Say sur le Niger jusqu'à Bouerra sur le lac Tchad ; qu'il nous soit au moins permis de nous ouvrir un chemin pour aller exploiter le sable qui se trouve au nord des possessions anglaises, sans quoi je me demande par où les Français pourraient pénétrer chez eux ?

A moins que ce ne soit par le transaharien !

Cette digression est trop grave pour que je recule devant la crainte de la continuer ; il faut, puisque je suis le seul Français ayant habité cinq ans le Moyen-Niger, que je parle un peu de ce fameux transaharien.

Quel sera l'ingénieur français et les hommes qui accepteraient la responsabilité d'entreprendre de tels travaux ?

Un chemin de fer partant d'Alger, de Constantine ou de Tunis, pour aboutir au lac Tchad, est une œuvre chimérique que seuls nos petits-enfants pourront peut-être voir.

Eh quoi ? On établirait un chemin de fer dans des pays que l'on ne connaît pas ? que les blancs n'ont pas encore explorés ? dans des plaines de sables qui ne sont sillonnées que par des caravanes et des pillards ?

Que l'on parle de Paris port de mer, d'une mer intérieure en Afrique et autres choses qui se conçoivent, c'est à merveille; mais un chemin de fer transaharien, de plusieurs milliers de lieues, à travers des sables, dans un pays peu peuplé, parcouru dans tous les sens par des Touaregs et des Arabes, ennemis implacables des blancs, voilà une idée qui me paraît absolument barroque et peu digne d'être discutée.

Comment se fait-il que les Anglais qui possèdent la Gambie, Sierra-Leone, les bouches du Niger et la Bénoué navigable, qui les mène presque au lac Tchad, et enfin tous les plateaux fertiles du Soudan, ne parlent pas d'établir un chemin de fer transaharien ?

J'espère bien que mes compatriotes ne se laisseront pas prendre leur argent pour une entreprise matériellement irréalisable.

Cette question de transaharien est une utopie, qui fait le pendant à l'autre utopie qui consiste à combattre l'esclavagisme par les moyens exposés à la conférence de Bruxelles; cette idée généreuse est irréalisable; quatre armées de cent mille hommes aux quatre points cardinaux de l'Afrique, ne suffiraient pas à venir à bout du beau rêve de Mgr le cardinal Lavigerie; je le dis avec tout le respect dû à un prince de l'Eglise ; l'esclavage ne peut être combattu que par le commerce et les missionnaires ; les Etats européens bornant leur action à défendre l'exportation du bois d'ébène, c'est-à-dire les malheureux esclaves.

Revenons au Dahomey, nous occuper d'une question plus pratique.

La France, disions-nous, a un grand intérêt à occuper le

Dahomey, ne serait-ce que pour la question commerciale et les richesses renfermées dans le sol.

Deuxième objection

LE DAHOMEY EST TROP ÉLOIGNÉ ; EN CAS DE GUERRE EN EUROPE, IL FAUDRAIT OU SACRIFIER LA COLONIE OU DISPERSER SES FORCES POUR LA DÉFENDRE.

Le Dahomey est loin, c'est exact ; mais il est moins loin que les Indes, la Cochinchine, Madagascar, etc., etc. Ce sont les raisons que les ennemis de Dupleix invoquaient contre l'occupation des Indes ; l'Angleterre n'a pas trouvé les Indes trop éloignées, puisqu'elle les a prises et qu'elle ne s'en plaint pas ! Elle ne se plaint pas non plus du Canada que nous avons trouvé trop loin.

Lors de l'expédition d'Alger, en 1830, il s'est trouvé une catégorie d'hommes d'Etat, qui n'avaient jamais vu la mer sans doute, qui trouvaient qu'Alger était aussi trop loin, et ils ont combattu fièrement cette brillante expédition qui devait nous donner tout le nord de l'Afrique et nous rendre pour ainsi dire les maîtres de la Méditerranée.

Les ennemis du Tonkin disent aujourd'hui la même chose. Il est trop loin !

L'expérience des Indes, du Canada, d'Alger ne leur a pas encore ouvert les yeux.

Nous devrions donc abandonner le Tonkin, la Cochinchine, la Guyane, Madagascar, les Antilles et toutes nos colonies, sous prétexte qu'elles sont trop éloignées et qu'en cas de guerre nous serions enfermés dans ce dilemme : Perdre nos colonies ou diviser nos forces pour les défendre, ce qui pourrait compromettre les opérations en Europe.

Mais s'il prenait fantaisie à l'ennemi, en cas de guerre, d'aller au loin attaquer nos colonies, ne serait-il pas obligé, lui aussi, de diviser ses forces ? Et que devient alors cette objection ?

Si nous avons raison de tenir ces discussions byzantines,

les Anglais auraient donc tort de garder les Indes et le Canada qui sont des colonies éloignées ?

Il est bon de noter que l'Angleterre a beaucoup moins de soldats que la France et que si elle est arrivée à ce degré de puissance et de richesse, c'est grâce à son système colonial.

Toutes les nations ont donc la berlue en ce moment, de chercher à obtenir le plus de territoire possible dans le partage de l'Afrique ?

Les Français qui ne veulent pas de colonies, voudraient donc une France sans marine, enfermée entre les Alpes et les Pyrénées ? Heureusement que ces hommes ne sont pas au pouvoir, car ils nous feraient une bien petite France ! Une chose étonnante, c'est qu'il y ait des officiers de la marine anticoloniaux. Ils doivent être très rares assurément, mais n'y en aurait-il qu'un seul, ce serait un de trop. Je ne veux rien dire de désobligeant pour personne et encore moins pour nos brillants officiers de marine, mais il me semble que tous, sans exception, devraient, aussi bien dans l'intérêt du pays que dans le leur, pousser au mouvement de l'expansion coloniale. Si les Indes étaient restées françaises, si le Canada nous appartenait encore, si la belle colonie de Lagos, qui a été française sous Louis XIV, et tant d'autres colonies que nous avons perdues, faisaient partie de notre domaine colonial, qui oserait dire que nous ne serions pas les maîtres du monde ?

Les Français qui ont beaucoup voyagé sur mer et qui ont rencontré plusieurs fois par jour le pavillon britannique, alors qu'ils restaient des semaines entières sans pouvoir saluer leur cher drapeau, peuvent-ils ne pas partager cette opinion ?

Et les commerçants et les industriels, comment ne sentent-ils pas que la production en France a acquis des proportions tellement considérables qu'il y a urgence à chercher des débouchés au dehors ?

Nous avons vu dernièrement le Portugal se fâcher contre l'Angleterre pour une motte de terre. Pourquoi ? Parce qu'ils sont les dignes descendants de Vasco de Gama et qu'ils se souviennent que leur pays fut grand et prospère par leurs colonies.

N'est-ce pas grâce à ses colonies que l'Espagne fut, au seizième siècle, la puissance prépondérante de l'Europe ?

Et, en remontant l'histoire, ne voyons-nous pas les anciens peuples briller par la puissance de leurs colonies ? Nous n'avons pas la prétention de faire un cours d'histoire, nous nous permettons seulement d'en citer la morale.

Je sais bien que certains historiens et d'autres beaux parleurs, nous diront que c'est précisément à cause de leurs colonies que ces nations ont succombé; mais on pourrait leur répondre que c'est surtout par leurs fautes. Comme sur ce point la discussion serait interminable, hâtons-nous de revenir au Dahomey, qui serait français, si nos ancêtres avaient su conserver Lagos.

Il reste la troisième objection

COMMENT DÉBARQUER A KOTONOU PUISQUE LA BARRE EST TELLEMENT MAUVAISE QUE DES SOLDATS S'Y SONT NOYÉS TOUT RÉCEMMENT ET COMMENT PÉNÉTRER DANS L'INTÉRIEUR ?

La barre de Kotonou est, en effet, fort mauvaise, et les requins y pullulent. Néanmoins, il y a des jours où cette barre est bonne et permet d'opérer des débarquements de troupes sans craindre d'accidents; du reste, les Anglais ne s'opposeront pas au passage de nos troupes par Lagos.

Le R. P. Chautard, dans sa conférence, s'exprime ainsi :

« Ici, dit-il, nous ne voulons pas faire de stratégie, nous voulons simplement montrer comment nos canonnières peuvent transporter nos soldats à sept ou huit lieues d'Abomey.

« La base d'opération est Kotonou, point parfaitement fortifié, communiquant avec l'Europe par le télégraphe et la mer, avec Porto-Novo et le Dahomey par voie fluviale.

« Voici, à notre avis, le meilleur moyen de vaincre la difficulté du débarquement.

« *Chenal de Kotonou*. — Qu'on jette les yeux sur la carte marine anglaise, relevée par MM. de Mayne, Owen, Vidal et Denham, de 1812-1846, et publiée à Londres, chez J.-D. Potter, 31, Poultry ; cette carte a toute l'autorité désirable. Or, elle nous montre le lac Denham se déversant dans la mer, à Kotonou, par un chenal aussi large et plus profond que celui de Lagos ; sept brasses d'eau à l'entrée du chenal de Kotonou, deux seulement à l'entrée de celui de Lagos. Le chenal de Kotonou se présente donc dans des conditions plus avantageuses que celui de Lagos.

« Les navires négriers le traversaient autrefois et venaient charger les esclaves dans le lac Denham. Plusieurs négriers portugais me l'ont affirmé, notamment Hyacinthe Rodriguez, père du fameux Candido Rodriguez, de Whydah.

« *Fermeture du chenal*. — Si les dernières cartes marines ne donnent plus ce chenal, c'est qu'il a été fermé par le Dahomey. Nous en avons pour preuve :

1° La tradition universelle des habitants du pays. Tous les noirs l'affirment.

2° L'étymologie même du mot Kotonou qui signifie « lagune des morts ». D'après la tradition locale, le Dahomey, profitant de la baisse périodique des eaux, fit jeter dans le chenal des arbres, des broussailles et du sable ; mais ce travail périlleux coûta la vie à de nombreux esclaves, d'où le nom de « Kotonou », lagune des morts. Nous omettons d'autres preuves.

« Le Dahomey voulait, par la fermeture du chenal :

1° Ravager à son aise la presqu'île allant de Kotonou à Lagos.

2° Empêcher les navires européens de s'introduire dans son pays. C'est pour la même raison qu'il interdit aux blancs de remonter le fleuve Ouémé ou Ocpara.

« *Réouverture du chenal*. — Mais qu'importe, dira-t-on, que le chenal ait existé, puisqu'il n'existe plus ? — On peut le rétablir avec quelques coups de pioche. Une lagune de sable mesurant 10 mètres environ et à peine élevée de quelques pieds au-dessus du niveau de la mer, voilà l'isthme de Kotonou. Bien mieux, le chenal s'est rouvert de lui-même, en 1885. A cette époque, les factoreries Cyprien Fabre, Daumas-Béraud, etc., ont été emportées dans la mer, malgré tous les efforts faits pour contenir les eaux de la lagune. L'ouverture mesurait 500 mètres de largeur et plusieurs mètres de profondeur. Des navires d'un certain tonnage y ont pénétré, notamment l'*Emeraude*, canonnière française, et même un navire de guerre allemand.

« Ce chenal a existé de 1885 à 1888, malgré les efforts des Dahoméens pour le refermer. Cependant ils y ont réussi en 1888, grâce à la diminution des pluies. Mais maintenant que la France est définitivement maîtresse de Kotonou, rien de plus facile que de rouvrir et de maintenir ouvert l'ancien chenal.

« *Nécessité du chenal.* — 1° Au point de vue stratégique. La capitale du Dahomey n'est accessible que par l'Ouémé ou Ocpara et le chenal de Kotonou est son embouchure naturelle, la seule qui soit en territoire français.

« Par ce chenal seulement nous pouvons introduire nos canonnières et débarquer en tout temps du matériel de guerre ; quand la barre est bonne, sur des chaloupes à vapeur. Quand la barre est mauvaise, les eaux sont hautes et des vapeurs d'un certain tonnage la traverseront aussi facilement qu'à Lagos. Dans tous les cas, chaloupes ou bateaux à vapeur pourront aller directement de la mer à Porto-Novo et remonter le fleuve Ouémé ou Ocpara.

« 2° *Au point de vue commercial.* — On peut arriver à Porto-Novo par Lagos, mais c'est une perte de temps de deux jours, et les douanes anglaises écrasent les marchandises françaises.

« On objecte que le lac Denham n'est pas assez profond pour permettre aux vapeurs d'aller directement de Kotonou à Porto-Novo, pendant les eaux basses ; nous répondons par une lettre de Porto-Novo, datée du 1er mars :

« Le dimanche 23 février, M. Ballot, une cinquantaine

de miliciens et près de 300 porteurs partirent pour Kotonou dans des pirogues remorquées par la canonnière l'*Emeraude*.

« Or, le 23 février est l'époque où les eaux sont les plus basses. Donc des embarcations de la force de l'*Emeraude* peuvent aller de tout temps de Porto-Novo à Kotonou.

« Elles le pourraient encore plus facilement après l'ouverture de Kotonou, car elles profiteraient de la marée qui se fait sentir jusqu'au delà de Porto-Novo et augmente d'une manière notable la profondeur des eaux.

« 3° *Au point de vue hygiénique*. — Le fleuve Ouémé ou Ocpara, privé de son embouchure naturelle, est obligé de refluer vers Lagos, à travers un terrain absolument plat. Son déversoir actuel, la lagune de Porto-Novo à Lagos, déborde chaque année. Cette inondation périodique a les plus fâcheux effets au point de vue hygiénique. Les eaux, en se retirant après la crue, laissent à découvert un terrain marécageux où végétaux et animaux tombent en putréfaction et empoisonnent l'air de miasmes délétères. L'ouverture du chenal de Kotonou, en rendant au fleuve son embouchure directe et naturelle, empêchera, ou du moins diminuera ces fâcheux effets.

« Voilà, à ce qu'il nous semble, la meilleure solution des difficultés de pénétration dans les royaumes du Dahomey et de Porto-Novo.

« L'ouverture du chenal est bien préférable à la construction d'un wharf, construction assurément fort coûteuse, obligeant à des transbordements, et qui ne rendra jamais les mêmes services que le chenal.

« *Conclusion*. — On a discuté la possibilité de l'obstruction du chenal par les sables.

« Le chenal a existé pendant plusieurs siècles ; il peut avoir au moins les mêmes dimensions que celui de Lagos ; le chenal de Kotonou serait, en effet, le déversoir du lac Nokoué et du fleuve Ouémé ou Ocpara, bien plus considérable que le lac Cradou et le fleuve Ogoun aboutissant à Lagos. Or, le chenal de Lagos, loin de s'obstruer, s'approfondit. Pourquoi celui de Kotonou se comblerait-il ? C'est le même fond sablonneux, ce sont les mêmes vents, les mêmes courants, aussi bien à Lagos qu'à Kotonou.

« D'ailleurs, si le chenal venait à s'ensabler, un bateau-dragueur aurait vite enlevé l'obstacle.

« Notre conclusion s'impose :

« Le chenal de Kotonou est facile, il est nécessaire au triple point de vue stratégique, commercial, hygiénique.

« Si l'Angleterre était à Kotonou et Porto-Novo, le chenal serait fait demain.

« *Le fleuve Ouémé ou Ocpara.* — Le chenal de Kotonou nous mène dans le lac Denham, où se déverse une des branches du fleuve Ouémé ou Ocpara. Une autre branche, qui seule devrait porter le nom de Ouémé, après avoir traversé le pays de ce nom, se jette dans la lagune de Porto-Novo, à Aguégué (voir la carte de M. Ballot, résident de France à Porto-Novo). On peut pénétrer dans le fleuve par l'une ou l'autre embouchure.

« Jusqu'à ces dernières années, le fleuve Ouémé ou Ocpara était resté à peu près inconnu, le Dahomey en défendant la navigation aux Européens. C'est seulement en 1875 que le Père Baudin, des Missions Africaines de Lyon, réussit à tromper la surveillance des gardiens dahoméens, et put remonter le fleuve jusqu'à une certaine distance dans l'intérieur. Apprenant ce voyage, les Anglais remontèrent le fleuve mystérieux avec le *Nelly*, vapeur calant au moins deux mètres d'eau.

« C'était en juin 1877, au commencement de la crue. J'ai vu moi-même, l'année suivante, à Porto-Novo, le pilote du *Nelly*, et il m'affirma que l'Ouémé ou Ocpara était plus profond et plus rapide que la lagune de Porto-Novo. M. Dorat, résident de France à Porto-Novo, et MM. Foa, Tralloux et Siciliano, explorèrent aussi le fleuve.

« Mais la plus importante de ces explorations est celle que fit M. Ballot, en novembre 1888.

« A bord de la canonnière *l'Emeraude*, le résident de

France remonta le fleuve jusqu'à Agony, résidence du roi de Dahomey pendant une partie de l'année.

« M. Ballot dépassa même cette ville et constata que le fleuve mesurait encore, au nord d'Abomey, 40 mètres de largeur et 5 mètres de profondeur.

« Et pourtant c'était en novembre, époque où les eaux ont déjà baissé beaucoup, surtout dans l'intérieur.

« La navigabilité de l'Ouémé ou Ocpara jusqu'au nord d'Abomey est donc certaine.

« Elle est encore constatée par deux voyageurs anglais, Duncan et Skertchly, les deux seuls Européens qui aient fait le voyage d'Abomey au fleuve Ouémé.

« Il resterait maintenant à décrire le chemin de l'Ouémé à Abomey. Cette description nous mènerait trop loin. On peut, du reste, la trouver dans Duncan et Skertchly. — Le pays, généralement découvert, n'est arrosé que par de petits ruisseaux. Pas le moindre marais, d'après Duncan, qui a cependant parcouru deux fois la route, en juillet et août 1845. »

La carte ci-jointe, que nous devons à la bienveillance de Mgr Morel, nous montre que M. Ballot, résident de France au Bénin, a mouillé l'*Emeraude* au nord d'Abomey en novembre 1888.

Ce que l'*Emeraude* a fait, d'autres canonnières pourraient le faire ; ce ne serait qu'un jeu, pour nos officiers de marine.

L'ennemi le plus redoutable au Dahomey, c'est le climat. Il ne faut pas songer à demander à nos soldats de l'armée de terre, de longues marches dans ce pays ; ils tomberaient comme des mouches.

L'expédition doit être menée très promptement et par la voie fluviale ; plus on attendra et plus grandes seront les difficultés.

Quelques compagnies d'infanterie de marine et trois mille noirs (tirailleurs sénégalais et tirailleurs algériens), choisis parmi les plus robustes, ayant dépassé vingt-cinq ans, doivent largement suffire à prendre Abomey au pas de course, dès qu'on les aurait débarqués à Towé ou Agony.

Les remparts de la ville, composés de plusieurs enceintes, sont en terre et fort mal entretenus ; l'armement des Dahoméens consiste en fusils à silex, flèches et armes tranchantes ; c'est une vraie plaisanterie. Reste la supériorité du nombre.

Cette supériorité se changera en cause de désastre aux premiers obus qui pleuvront dans la place.

Ce n'est un secret pour personne, que les noirs sont très sujets à la panique et qu'ils finissent par avoir peur de leurs propres cris.

Il est inutile vraiment de faire entrer en ligne de compte la résistance de la ville. Elle n'aura pas lieu, elle ne peut pas avoir lieu.

Ajoutons que les Egbas, qui confinent à l'est du Dahomey, sont les ennemis jurés des Dahoméens et que l'on trouverait parmi eux d'excellents auxiliaires, pour nous aider à mener à bien cette expédition et à garder ensuite le pays, sans avoir à craindre des révoltes dans l'avenir.

Je ne dis pas que les Egbas s'engageront comme soldats au service de la France, au début de la campagne, car les noirs de ces pays sont craintifs et prudents comme des serpents. Le prestige et les forces de la France leur étant inconnus, ils ne viendront pas s'enrôler au début des hostilités comme le feraient des Français pour défendre le sol de la Patrie. Ce n'est qu'après l'occupation du pays, quand ils verront que nous sommes les plus forts, qu'ils s'enrôleront, et ils feront alors d'aussi bons soldats que nos tirailleurs sénégalais, car, au dire de nos missionnaires qui ont instruit de jeunes Dahoméens et de jeunes Egbas dans leurs écoles, ils les ont trouvés généralement plus intelligents que les noirs des autres points de la côte. J'en ai eu moi-même à mon service, pendant cinq ans, et telle est aussi mon opinion.

Quoi qu'il en soit, les Egbas étant sourdement hostiles aux Dahoméens, pourront nous rendre des services multiples pendant les opérations, et je ne crains pas d'affirmer qu'aussitôt que la déroute dahoméenne se prononcera, les Egbas leur tomberont dessus pour les piller et les détruire sans merci.

La question des opérations militaires regarde nos supérieurs ; ils la mèneront à merveille, je demande à en faire partie.

En résumé, nous ne croyons pas qu'il existe un seul Français, à la côte de Guinée, qui ne partage ces opinions :

1° Qu'il est temps que la France tire vengeance des Dahoméens ;

2° Que tous les traités de paix que nous pourrions passer avec les rois de ce pays seront violés ;

3° Que la France a un très grand intérêt à occuper cet Etat, surtout depuis que les Anglais sont maîtres des bouches du Niger et de tous les riches pays qui s'étendent en front maritime de Lagos à Caméron, et dans l'intérieur depuis Say jusqu'au lac Tchad, c'est-à-dire un vaste Empire qui embrasse plus de terrains fertiles que n'en possèdent les Iles Britanniques.

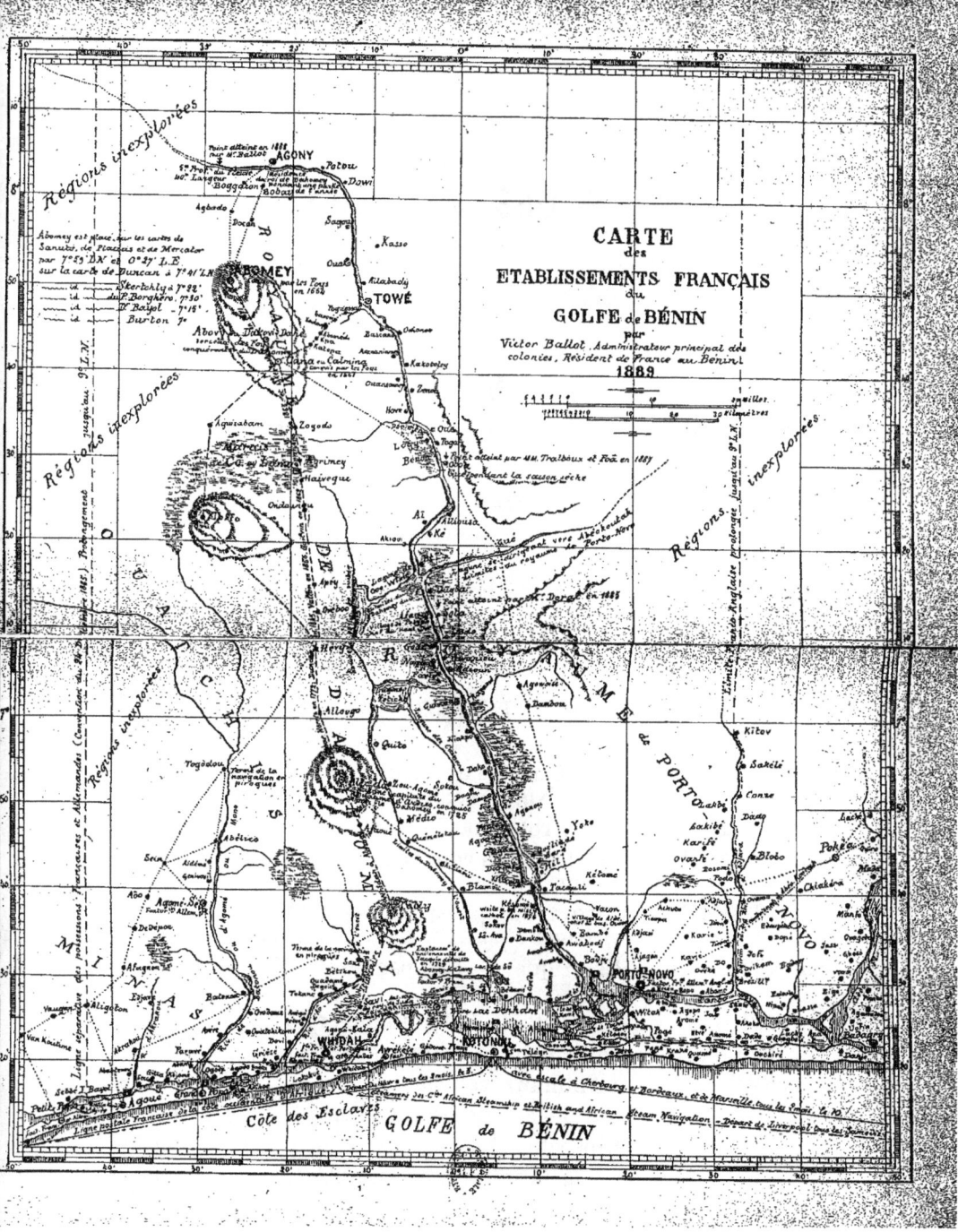

TABLE DES MATIÈRES

	Pages
AVANT-PROPOS	VII
INTRODUCTION	XI

PREMIÈRE PARTIE

LE NIGER

CHAPITRE I.	— De la Caserne de Reuilly aux bouches du Niger	1
CHAPITRE II.	— Les Kroumen	15
CHAPITRE III.	— Escales de la côte occidentale d'Afrique	21
CHAPITRE IV.	— Géographie physique. — Bassin du Niger	36
CHAPITRE V.	— Historique. — Campagnes de 1881 à 1885	49
CHAPITRE VI.	— Habitants du Delta du Niger	65
CHAPITRE VII.	— Aperçu sur la Faune et la Flore	95
	1° Animaux sauvages	95
	2° — domestiques	96
	3° Insectes	98
	4° Végétaux	99
	5° Minéraux	102

DEUXIÈME PARTIE

LA BÉNOUÉ

	Pages
CHAPITRE I. — Géographie physique. — Païens et musulmans. — Anecdotes. — Termites. — Productions	105
CHAPITRE II. — Comment nous avons pris position à Ibi et Outché-bou-hou	119
CHAPITRE III. — Un voleur qui fait arrêter sa victime	127
CHAPITRE IV. — Commerce	133
CHAPITRE V. — Deux mots sur les agents et ouvriers d'une Compagnie commerciale	147
CHAPITRE VI. — Echouements	153
CHAPITRE VII. — Les Missionnaires	165

TROISIÈME PARTIE

LE DAHOMEY

Partie historique	175
Gouvernement actuel	177
L'armée	178
Causes du Conflit dahoméen	181
Première objection	184
Deuxième objection	187
Troisième objection	189

Grenoble. — Typographie E. Vallier et Cⁱᵉ, imprimeurs de la Préfecture.

*Achevé d'imprimer
le 14 octobre 1890,
par E. Vallier & Cie,
imprimeurs à Grenoble.*

www.ingramcontent.com/pod-product-compliance
Lightning Source LLC
Chambersburg PA
CBHW070624170426
43200CB00010B/1903